为什么母爱会伤人

[英] 达努·茉莉安 著
李亚萍 译

文化发展出版社
Cultural Development Press

只 为 优 质 阅 读

谨将本书敬献给我的导师、盟友、密友、灵魂姐妹、挑战者兼同事“光明”，感谢她在这段美妙的旅程中一直陪伴我，给了我无数快乐。

与此同时，亦献给我最亲爱的朋友和灵魂姐妹玛姬，感谢她给予我全方位的支持，始终做我有力的后盾。

另外，还要献给我的儿子戴维，感谢他在这段探索之旅中给了我诸多帮助，我亦通过抚养教育他深受启发，体验到了无比健康的亲子关系。除此之外，他还是一个发展全面的棒小伙。

最后，我要将本书献给我们论坛上的所有自恋狂母亲之女，感谢你们使论坛成了一处美好的天地，你们的泪水、笑声、支持、力量和决心为论坛注入了生动鲜活的能量。

最后的最后，我还要将本书献给尚未从自恋狂母亲的阴影中成功走出的女儿们。

目　录

第二部分
如何疗愈你的创伤

引言

如果这本书的书名让你眼前一亮，那我估计，书里的内容很可能正对你的胃口。

说老实话，你的疯狂程度远没有自己想象的那么强烈，这一切的罪魁祸首是你母亲。你终生被烦躁、焦虑、困惑和怀疑反复折磨，全是拜她所赐。

她之所以折磨你，也许是因为她患了一种叫“自恋人格障碍”（Narcissistic Personality Disorder）的病，简称 NPD。

总而言之，有自恋人格障碍的人自视极高。他们认为自己完美无瑕，关键是，还必须不断地视自己为人格毫无瑕疵的道德完人。他们渴求别人的关注，到了欲求不满的地步。他们的共情能力为零，对于这类人士而言，别人都不是人，仅是为他们提供关注的来源，毕竟他们渴求关注嘛。

被一个自恋狂抚养真让人抓狂。这不啻一种纯粹而密集的精神上和情感上的双重折磨。但最让人绝望的是，这种折磨无影无形。加害者或受害者甚至无从得知它的存在。加害者（即自恋狂）深信自己绝没有折磨任何人，因为从定义上来看，她是道德完人。请记住，道德完人绝不可能做像虐待他人这样不完美的事。被虐待的受害人，也就是你，也意识不到她在虐待你，因为你对母亲的谎言深信不疑，而且认定一切都是你的错，你才是那个“烂人”。

因此，这里的虐待和崩坏一共有两层。第一层是最初的苛待，我们会在后面详细介绍这一点。第二层则是否认苛待发生过！正因为如此，你才认为是你自己疯了，这也是我起这个书名的原因（事实上还有第三层，我们在后面再详谈）。

呃，想知道我是谁以及我为什么要写这本书吗？

我叫达努·茉莉安，我觉得我母亲是个自恋狂。当然，我没有确凿的证据。她从未接受过专业医生的诊断，我只能凭借自己毫无专业性可言的猜测，尽可能地解释自己为什么会抓狂。但这个解释逻辑自洽，足以揭开一切谜底。

我和我母亲之间永远有龃龉。虽然我们也有和谐的时候，但就算那时我也丝毫不敢放松，因为只要我说错一个字或表达出一点让她不爽的想法，就会被她厉声喝断：“够了，达努！”于是我只能龟缩回自己的小盒子。

我觉得她这是在倚势压人——在我们的母女关系中，她处处压我一头。诚然，我们可以做朋友，但这是有条件的，我必须时时摆正自己的位置，明白自己只是她的附属物。有如行走在一片鲜花遍地、旖旎多姿的草地上，但它位于悬崖之巅，只要走错一步，就会粉身碎骨，万劫不复。我得永远保持十二分的警惕，一刻也不能放松。

但我只能接受。你也如此，不是吗？毕竟她是你母亲。我只能尽力忍受。每次见过母亲之后，我都会深感烦躁和挫败，回到家咆哮个不停，我丈夫已经见怪不怪了。但我们从未想过这样一个问题，为什么我（和他还有我们的儿子）要经受这种痛苦？我常常希望自己能和母亲还有父亲老死不相往来（后面我会详谈父亲），如果他们只是朋友而不是家人，我多年前就和他们一刀两断了。换作是你，肯定也做不到，不是吗？他们毕竟是你的家人（提示一下，你做得到！我现在想明白了，而且要把这些心得与大家一同分享。我真希望几十年前我就能明白这一点）。

我总是刻意让好友以及我敬重的任何人远离我父母，我的保护工作往往做得极好。但到了 2008 年 9 月，我还是失手了，我没能阻止闺密玛姬同我父母一起吃午餐。

当时的场面相当“经典”：我母亲对着我们滔滔不绝，水泼不进，其他人只能干瞪眼。她和父亲刚刚度假回来，所以她有说不完的话题。我掐着表算了，我们在餐厅待了 2 小时 25 分钟，除了点菜和基本的寒暄之外，她没有让任何人有机会发言，只顾自己没完没了地说，不放过任何一个细节，每一个细节都被她讲得纤毫毕现。

简直哭笑不得。我儿子当时 12 岁，他备受煎熬但没人看得见，着实可怜。儿子悄悄对我说，他要去外面的车里看书。他迫不及待地消失了，如果不是我心生悲凉的话，当时的画面还是挺滑稽的。母亲和父亲都没有同他告别，甚至根本都没注意到他的离去。

然后，玛姬受够了，她找了个理由溜之大吉。她谎称要出去抽烟，但实际上是一分钟也待不下去了（后来她也承认了这一点）。我母亲还算有点人样，她跟玛姬道别，顺便说了吸烟对身体不好之类的话，但仅限于此。

午餐的所有客人都跑了，有如一场神秘的谋杀案。但我母亲泰然自若，还是口若悬河，劲头十足，活像金霸王广告里的那只兔子。

后来玛姬向我表达了她的震惊和愧疚之情。她震惊于我母亲的“极品”程度，愧疚则是因为她没有早点意识到这一点。她承认我之前告诉过她，我父母不好相处，但她没想到是如此不好相处。

她指出了这次见面中一些我由于习惯成自然、没有真正注意的问题。比如说我父母甚至都没有跟我儿子说话。除了最初的问候之外，真的是一次也没有。他们完全对他视若无睹。要知道，我儿子实际上是他们唯一的孙辈（我另外还有两个已经生了孩子的同胞，但父母早已与他们疏远割裂，据我所知，他们从未和那几个孙辈见过面）。那天吃饭我妹妹也在，父母自然看不到她。可想而知，他们都懒得费心搭理玛姬，虽然于他们而言，玛姬的确是个陌生人。玛姬说，她不会放在心上，但这种态度实在太过粗鲁。

她的一番话颇有醍醐灌顶之效，令我顿悟。看到这里，诸位可能要问了，从客观上来讲，这不是件坏事吗？是的，我当然不享受这种顿悟，但你能说无论以任何标准来衡量，它都是件坏事吗？

就在那一刻，我知道我这辈子再也不想见父母了。我也知道我做不到。玛姬的视角为我提供了我认为自己需要的许可，多年以来我一直在盼望得到这个许可。

（我希望这本书对诸位也能有同样的效果，即提供你们认为自己需要的许可。事实上，诸位和我一样，根本不需要任何许可，只要想脱离施虐者的掌控，随时都可以直接抽身走人。）

但我该如何向父母开口？这无异于引火烧身。纵观我的一生，只要恳求母亲对我略好一点，没有哪一次不以不堪告终，即便是最轻微的抱怨或请求也绝对不行。最后的下场不外乎被狠狠虐待、矢口否认和施以“煤气灯操控”（我在后面会加以详述）。

要知道，我只是轻微抱怨而已。现在我才知道，所有的这一切都是自恋者的施虐伎俩，相当病态扭曲。如果我提出断绝关系，他们的反应会激烈到何种程度？我不寒而栗。我该如何提出我的想法？我非得如此吗？也许我还是不声不响，直接从他们的世界中消失比较好。但这样真的行得通吗？我思绪翻腾，愁肠百结。

我为此而苦恼了两个星期，惶惶不可终日，甚至几欲作呕。

然后我父亲打电话过来了。他说，那天的午饭他们吃得很开心，还想再约我吃饭。父亲问我："你今天有空吗？"

我浑身抖如筛糠，只得说我不能和他们吃午饭。"为什么？"他低声问道，声音里充满了足以让我终生魂不附体的危险意味。

"因为，"我说道，"上次是一种折磨，我害怕极了，不想再来一次。"

"为什么是一种折磨？"他问道，声音里仍然火药味十足。

我继续筛糠，胃一阵抽搐，抖不成声地告诉他那天令我不快的种种问题。我小心翼翼地避免"我"这个字眼，尽量冷静地陈述当时的情况，力求对事不对人。但这一切远不足以自救于水火。

他缓缓地深吸了一口气，声音剧烈颤抖，我想我的心脏病要发作了。终于，他说出了我胆敢有任何抱怨时他屡试不爽的一句口头禅："哼，你觉得自己最完美，是吧！"

接下来便是一个多小时的语言暴力，先开始是他，接下来是我母亲，因为他把话筒交给了母亲，对我展开第二轮的轰炸。真是生不如死。他们把我骂得一钱不值，恨不得把我撕成碎片，挫骨扬灰，而不是尝试解决问题。

最终我哆嗦着放下电话，一阵反胃，问题丝毫没有解决。

两个星期的冷战过去后，一个念头从我脑海中冒出来，清晰而冷静："她有自恋人格障碍。"我不知道自己为什么会有这个念头——我当时甚至根本没有想到她。我早就知道自恋人格障碍，因为之前做另外一个项目时研究过，但根本没把母亲和这种病联系上，直至这一刻。

这次顿悟将我送上了探索自恋人格障碍的漫长旅程，因此才有了这本书，我亦有机会与诸位一同分享心得。

现在我为“自恋狂母亲的女儿”（即 daughters of narcissistic mothers，为方便起见，我们称自己为 DONMs）专门开设了网站暨论坛：www.daughtersofnarcissisticmothers.com。在运营网站的这三年时间里，我有幸了解到诸多 DONMs 的经历。大多数人的情况比我的更糟，我现在才意识到我母亲的障碍症还算轻微，即便如此，她带给我的灾难已不啻为一场浩劫。因此，我对自恋狂母亲、自恋型虐待以及 DONMs 的创伤后遗症有了更多了解，从而攒够了丰富的写作素材。

首先我要声明，我不具备这方面的专业资质，也从不以专业人士自居。和诸位一样，我只是一个同路人，一个长期饱受杀人于无形的自恋型虐待折磨的幸存者。但在这条路上我走得很远，遇到过无数其他同病相怜的旅人，听过无数大同小异的故事。正是本着这样的精神，我希望写这本书与广大读者共飨。

我将在这本书中探讨自恋人格障碍是什么、它如何在你母亲身上体现以及它会对身为女儿的你产生何种影响。之后我们再探讨未来应如何和母亲相处、你有什么样的选择以及了解真相后会产生何种影响。最后也是最关键的一部分，我们将探讨如何疗愈并解除心结。作为疗愈的一部分，我会和大家分享一种名为“情绪释放法”（Emotional Freedom Technique）的神奇疗法。十年之前，在踏上疗愈之旅以根除身上的所有流毒之际，我发现了这种疗法。它需要敲击身上的穴道，效果好到震撼，可以去除负面情绪和种种不良陈见，详情请参见后面的内容。

第一部分

认清真相，接纳自己

真相在将我们领向自由之前，会先给我们当头一棒。

——女权先锋 格洛丽亚·斯泰纳姆

01

你的母亲患病了：自恋人格障碍

自恋人格障碍的官方定义请参见209页附录一。但对于非专业人士而言，辨识自恋人格障碍并非易事，而且它的定义也处于不断修正的过程之中，所以209页的定义等你看到的时候也许早已过时。鉴于此，为帮助诸位更精准地鉴别自恋人格障碍，我觉得还是写一份非专业人士专用的“自恋人格障碍指南”比较好。

另外请注意一点，自恋人格障碍有几位“表亲”，你母亲可能也有几位这样的“表亲”，因为它们之间有重叠（所以官方标准需要不断修正）。这些“表亲”包括边缘人格障碍、表演人格障碍以及反社会人格障碍（社会性病态）。请仔细阅读这些人格障碍，并参阅211页附录二中的详情链接。以下是我的非专业人士版“自恋人格障碍指南”。

她是宇宙的中心，因此世间万物都必须围着她转。

当我说万物都必须围着她转，我当然是指的字面意思。我可没夸大，绝没运用任何夸张手法。对她而言，这也是板上钉钉的事实。我知道这样的自我中心思维不可理喻，正常人很难理解，甚至几乎不可能理解。不过，你可以开始想象一下，想象得越多，就越能品出自恋的意味。我再重复一遍：万物都必须围着她转。她丈夫的去世、你尚未出生的宝宝、区域性灾难……一切之所以重要或有重大意义，只是因为她受到了影响。

她的共情能力为零。

她不能，也绝不会设身处地去体会别人的心情。再说一遍，正常人难以理解，但这就是事实。共情（同理心）是使我们成为人的一种与生俱来的能力（说句公道话，其他动物也有，所以并非人类独有），所以你很难想象会有人毫无同理心。但自恋狂就是这副德行。无论发生任何事，他们永远不会产生一丝一毫的同理心。

她必须相信自己完美无缺，绝不会犯任何错误。

再说一遍，这绝非夸张。她百分之百地相信自己完美无缺，绝不会犯任何错误。根据这个定义，她绝不会犯错。所以，如果她犯了错，那肯定有正当理由。或者如果她的确错了，毫无争议余地，那肯定不是她干的，尽管所有的证据都指向她。

所有人都必须承认她既是宇宙的中心，也是毫无瑕疵的完人，并相应地对她顶礼膜拜。

对她来说，自认为宇宙中心和道德完人还不够，噢，不，远远不够。其他所有人也必须承认这一点，或至少表现出膜拜圣人的态度，并不断为她强化这一理念。

那她怎么知道别人把她当宇宙中心来膜拜呢？最主要的途径当然是关注她啦。给她一千万吨的关注。她最喜欢的关注莫过于赞美，不过恐惧也很对她的胃口。如果你只能给她一点关注，那就给这两样吧。如果还是给不了，给点怜悯也行。

这种关注被称为“自恋养料”（Narcissistic Supply）。根据描述，它有如自恋狂的毒品，但在我看来，它更像食物和饮料，即生存的必需品（我指的是精神上的生存）。因此，他们会不择手段地确保自恋养料的供应。

你作为她的女儿，可以说是为她提供自恋养料的天选之人。你很可能招之即来，挥之即去，而且自出生起就被她训练如此。这是一份无休无止的工作，她的养料罐需要源源不断地灌注。她需要源源不断的关注，不是偶尔，也不是间或。她的养料罐更像一只千疮百孔的筛子，而不是密封型容器。

当然，绝大多数人都喜欢被关注，诸位可不要误会我的意思（我前面已经说过，自恋狂母亲的女儿们为提供关注已饱受摧残，后面我还会加以详述）。被人关注时，我们都会深感抚慰，满心欢喜。但区别在于我们喜欢关注，并不像自恋狂那样需要关注。我们也不会像自恋狂那样无时不渴求关注。

恕我直言，自恋狂在感情上介于 3 岁至 6 岁的幼童。这个年龄段的孩子处于正常的全能自恋阶段，他们觉得自己就是宇宙的中心。绝大多数人过了这个阶段都会走出来，但自恋狂不会。所以，自恋狂母亲的女儿相当于被一位心理成熟度只有幼童水平的人抚养成人，难怪会如此糟糕。你相当于被一位乳臭未干的孩子抚养成人。

忽略型母亲和吞噬型母亲

自恋狂母亲分为两种：忽略型母亲和吞噬型母亲。

忽略型母亲对你零兴趣。你往往会被忽略，甚至无视。举例来说，她很可能不会教你最基本的照顾自己的技能。她不会参加你学校的活动，即使她参加了（只是做做样子，免得别人觉得她不称职），也不会流露出多大兴趣。她很可能动不动就说别人家的孩子如何如何优秀，如果你有幸得到她的赞美，很可能只是敷衍之词。

这实在太让人困惑了，因为这意味着你永远不会被她看见。我自己就有一位忽略型母亲，自小我就一直扮演小丑或戏子的角色，永远“待机”等待被召唤。没有自我，永远得不到宠爱或赞赏。她看不见我，也不知道我的存在。我实在心力交瘁，我相信那些有过同样经历的人也会深有同感。现在我才意识到，我没必要牺牲这么多，这已成为我最大的解脱。我想，我的体重问题这辈子都如影相随，原因正在于此——我得在这个世界上多占一点空间，多刷一点存在感。

有一位忽略型母亲无异于无妄之灾，但说老实话，这还算不幸中的万幸，因为吞噬型母亲更恐怖。

吞噬型母亲和所有自恋狂一样心中只有自己。可怕的是，在她们的认知中，女儿似乎是“自己”的一部分。于她们而言，女儿不是独立的个体，只是自己的延伸。因此，吞噬型母亲会想方设法经营女儿的生活。她对一切都有自己的主意，从女儿的穿衣打扮到生育计划，她通通要耳提面命。

歌瑞有一位吞噬型母亲，她说她母亲甚至会问一些私密的问题，比如她和她丈夫的性生活！她问得理直气壮，仿佛这是世上再自然不过的事情，如果歌瑞不愿意实言以告，那就是大逆不道，不可理喻。同样，吞噬型母亲也会和女儿分享不适宜的信息，例如她自己的性生活的细节。也许在你还是懵懂幼儿时，她就已经这样百无禁忌了。

吞噬型母亲看不见你和她之间的任何差异。她可能坚持认为你喜欢卷心菜，可事实上，卷心菜是你最讨厌的菜——但她爱死了。或者正如我们论坛上的艾米所经历的那样，这类母亲觉得冷的时候可能会逼你穿毛衣，虽然你热出了一身汗。她真的看不见你和她之间的差异。如果她爱卷心菜，如果她觉得冷，你肯定也一样。

她们可能还会设法接管你的孩子。安妮讲述了她母亲得知她生宝宝后的反应，她母亲这样告诉别人：“我的宝宝今天出生了。”她们也许会让你的孩子称她们为“妈妈”，而对真正的母亲直呼其名。她们很可能会肆无忌惮地破坏女儿教育孩子的规则。“我知道妈咪说过晚饭前不能吃糖，不过外婆要告诉你，想吃就尽管吃，别管妈咪怎么说。”

这样一来，虐待便延续至下一代，因为外婆的这番教诲会让孩子完全无所适从。

吞噬型母亲的女儿最后可能会住在母亲家附近，让母亲渗透进她生活的方方面面。从表面来看，这样的画面相当和谐。毕竟，谁不喜欢亲密的母女关系呢？女儿甚至可能认为自己和母亲融洽无间，自己真是太幸运了。她可能会发自内心地感叹：“母亲是我最亲密的闺密。”

鉴于此，你想逃离吞噬型自恋狂的掌控可谓难于登天，因为你甚至意识不到自己的困境。即便意识到了，精神上的触手也会把你缠得死死的，让你动弹不得。如果你和母亲同住在一套产权共享的房子里，那还有物理和生活上的触手，这会使问题越发错综复杂。

自恋人格障碍的根源是什么？她是不得已吗？

多年以来人们一直认为自恋人格障碍是一种家族病，但不知道这种病到底是先天病（即遗传）还是后天病（即因虐待或放纵所致）。在共识的基础上，我们更倾向于认为这种障碍源于儿童的抚养方式，但无事实依据，毕竟这方面的研究少之又少。

在我们的论坛上，我们一直认为这里面肯定有遗传因素，因为许多自恋狂母亲的女儿都有自恋的孩子，即便她们的养育方式无懈可击。最近亦有一项研究报告支持我们的观点，作者为英属哥伦比亚大学的 W.J. 利夫斯利等人，他们发现了明显的基因联系。

这么说，她是不得已吗?

是也不是。她固然不想有自恋人格障碍，但仍然可以约束自己的行为方式。自恋人格障碍并不是一种在法庭上能享有豁免权的疾病。她不是疯子。她可以选择自己的行为。我们会在后面详细探讨。

02

自恋狂母亲面面观

前面介绍的自恋症状会以各种方式体现在你母亲的行为之中以及她与你的互动之中。我敢肯定你能一眼识别出其中的许多。

她要么狂喜，要么狂怒。

任何时候，你母亲都可能处于以下两种状态之一：要么得到了足够的自恋养料，要么没得到。于她而言，这世上绝无中间地带。我杜撰了两个专有名词“自恋式狂喜”和“自恋式狂怒”，分别用来描述自恋狂母亲对这两种状态的反应。

自恋式狂喜指的是自恋狂的自恋意识得到了充分的滋润和满足后，身上绽放出的那种光芒、喜悦、热烈、战栗以及兴奋。沉浸于自恋式狂喜时，她们简直满面春风，明艳照人。如果她们重挫了你，或者以其他方式凌驾于你之上，那种狂喜可能也会体现为满足。一位自恋狂母亲的女儿描述道，她母亲狂喜的时候，简直“美得让人窒息”。

狂喜的反面是自恋式狂怒，指的是她们得不到足够的自恋养料时，所表现出来的愠怒和愤懑：她们怒目圆睁，喜怒无常，嘴唇翘得能挂油瓶。这是一个危险的信号，往往预示着“自恋式暴怒”即将到来，我在后面会详细介绍这种暴怒。

她重写历史。

她永远完美无瑕，所以绝无可能犯任何错误。因此，只要你指出一条她的错处，她就能列出一百条抗辩理由予以否认。这就像一个乳臭未干的孩子脸上糊满了巧克力的渍印，明明吃了蛋糕，铁证如山，却硬要发誓赌咒自己没吃。在她看来，谎言只要说得够频繁，够铿锵有力，就一定能变成真理。

所以，你的自恋狂母亲肯定很希望重写历史。这叫“煤气灯操控”，源于 20 世纪 40 年代的一部电影《煤气灯下》。在电影里，心怀不轨的丈夫故意在阁楼里把煤气调小，使客厅的煤气灯由于供气不足而忽明忽暗。妻子抱怨时，他坚称煤气灯正常得很，还讥笑妻子产生了幻觉——这是他让妻子深信自己精神错乱的第一步。

煤气灯式自辩语以矢口否认问题曾经发生过为开端。你可能会对母亲这样说：“妈妈，你不该当着所有人的面说我长胖了，这让我很没面子。”她则狠狠地瞪着你，眼眶几乎瞪裂，斩钉截铁地厉声宣称：“这话我绝对没说过。”

如果她的语气足够坚定和确凿，（哦，那是自然！）你很可能会不由自主地相信，继而怀疑自己的看法和记忆。

因此，她不仅在精神上虐待你（例如当着你朋友的面说你胖），而且还否认它的发生！这无疑是一种双重折磨。你头昏脑涨地离开，因第一层伤害而感觉屈辱，与此同时，又因第二层伤害而迷惑。你不得不怀疑自己的感觉，继而质疑自己的现实感——在我看来，这是自恋狂母亲的女儿所遭受的最残酷的虐待之一（另一种虐待是向我们灌输我们有先天缺陷的理念，我会在 50 页详细介绍）。

要知道，你是她的女儿，从出生那天起就一直被洗脑，长年累月地默默承受这种心理虐待。另外还请明白一点，从生理特性来看，孩子天生就相信父母，如果我们盲目轻信母亲的谎言，这种虐待就更残酷了。

她可能对你的记忆嗤之以鼻，继而高高在上地驳斥一通："噢，没这回事，亲爱的。我可绝没说过。你的听力 / 记忆有问题，你好好再回想一下。我当时只夸你身材好，一点都没长胖。"

有一次，我母亲一心要否定我的记忆，她这样同我争辩（她的语气之傲慢很可能达到了你所能想象的极限，这样的画面真是不堪回首）："够了，达努。你是个写小说的，编故事非常在行。难怪，你的想象力真是够丰富的。"

你怎么能争赢？你如何能证明，只凭你会写虚构故事，就一定不是个神经病？你只能摊手。

自恋狂对你所持的证据嗤之以鼻。有一次我告诉母亲，她某次说过某句话，我丈夫在一旁也听到了。她一字一顿，仿佛在教导无知幼儿："听着，达努。他是你丈夫。他很爱你，非常爱你。所以你说的话他当然要支持。"

不过和 DONMs 论坛里的劳拉相比，我还算幸运的。劳拉拿着她母亲的亲笔签名找她母亲对质，可她母亲还是抵死不承认她签过文件。劳拉说："但这是你的签名，没错吧。"她母亲回应道："的确没错，但我就是没签。"

这种任性而愚蠢的抵赖是如此刁钻狡猾，你没法和她讲逻辑、讲道理。更要命的是，只要你坚持摆事实，她可能会使出下一招防御战术——自恋式暴怒。受制于自出生起就害怕她的怒火的宿命，你会立马偃旗息鼓。如果你不吃软的，那她就会来硬的，她有的是招让你屈服。

她否定你。

如果百般抵赖的煤气灯操控行不通，她还有另一个高招。她可以承认问题的确发生过，但坚称自己这样做合情合理，你不应为此而斤斤计较。她会这么说："哦，亲爱的，你的确是发胖了，不是吗？如果我不这么说，你就会把那个蛋糕吃得精光。你的朋友不会介意我这么说的，他们都知道你缺乏自控力，早习惯了。"

看，多么滴水不漏——她坚称自己没错，与此同时还能找到另一个噎死你的借口。

或者，她也可以承认自己说过，同时反咬你一口。"真够呛，亲爱的，你连个玩笑都开不起吗？"还有另一个更经典的套路："哎呀，你太敏感了！真是说不得也碰不得。跟你在一起真是如履薄冰啊。"

否定指的是无视你的体会、想法乃至情绪，目的是不让你有这些想法、体会和情绪。这是一种入侵你的大脑进行一番大清洗的方式。它等同于心理上（扰乱思维）和感情上（扰乱感受）的双重虐待。

我可一点都没夸大这种做法的严重性。否定他人的感受或体会几乎等同于否定他们的现实感。这就是我们这些自恋狂母亲的女儿一直以来的遭遇。我们只允许有一种现实感，那就是母亲的现实感。如果她们的现实感与我们的相冲突，那我们就必须让位。

真是太可怕了，让人不寒而栗。

我有过一次这样的亲身经历，那时我的不孕症怎么也治不好，整个人痛苦不堪。正在这个当口，我听说表姐不小心未婚先孕了（我母亲喜不自胜地告诉我这个消息，声音里幸灾乐祸的意味几乎要溢出来）。我难过地说道："我真情愿我是她。"我母亲立即抢白我一句："不，你不想。"然后继续慨叹未婚先孕的不幸。

还有许多其他否定方式，包括以下经典语句：

· 你太过敏感（你觉得不爽那是因为你过于敏感；这种事很正常呀，你怎么就看不惯呢？）。

· 噢，你这人斤斤计较，真难伺候。

· 和你在一起真是如履薄冰。

· 别这个样子。

- 不，你不想。
- 我的天，你怎么还惦记着这事呢？都过去这么久了。
- 你真记仇啊。
- 别哭了，不然我让你有得哭。
- 噢，你怎么总把别人的好心当驴肝肺呢？
- 你总是以最大的恶意揣测别人。
- 别摆出一副可怜巴巴的模样。
- 你总是牢骚满腹，抱怨个没完。
- 别人遇上这种事都不会抱怨。
- 我在听！
- 我明明对你的重大消息表示过兴趣！
- 真够呛，你连个玩笑都开不起吗？
- 心胸放开点，我只不过是开玩笑。
- 你太喜欢评判别人了。
- 你自己都做不到无可挑剔，不是吗？
- 你反应过激了。你总是反应过激。
- 你误会了。
- 我 / 她真的不是那个意思。
- 你总是抱怨个没完，我受够了。
- 哼，你自找的，谁让你做了 ×× 事。
- 你这话已经伤害到我了。
- 我这样做完全是你的错。
- 是你让我这么做的。

- 我这样是为了你好！
- 你的记忆力太差了。
- 你有妄想症。
- 我是你母亲，你必须尊重我。

她对你大发雷霆。

如果煤气灯操控术或否定术都不起作用，你还是坚持要和她对峙，她可能会使出下一招——暴跳如雷，或者她一开始就会使出这一招。这种怒火被称为“自恋式暴怒”。这只是自恋狂恼羞成怒的一种方式，当她感到受威胁时，便会骤然爆发熊熊怒火。而你很容易就能威胁到她。如果我们假定自恋狂在感情上仍处于幼童阶段，那自恋式暴怒正好相当于小孩子闹脾气。真正的幼儿使起小性子来已经够难哄了，哄一个使小性子的成年人——尤其是当你还是一个孩子的时候——就更难了，有如一场噩梦。

她暴怒的时候不计后果，侮辱、残酷打击、人格诽谤，她什么都做得出来。她会对你破口大骂，说你是个人渣，没权利横加指责别人的小小弱点，因为你是有史以来最烂的人，只有像她那样善良宽厚至极的人才能容得下你。看看你干的这些破事，你说的还是人话吗？你怎么还有脸批评她？

你尝试冷静，用“我”句式告诉她你的感受，帮她理解你的心情；你尝试理解她的境况，甚至愿意让步妥协；你尝试跟上她的闪电速度，理解她不断变化的话题，以及从各个角度发起的语言攻击；可最终通通以失败告终，直至脑力枯竭，只余困惑和沮丧的灰烬。

问题在于你和她目的不同。你的目的是解决问题，她的目的是不择手段地把你塞回自己的小盒子。

问题一点都没解决。

你们之间可能会冷淡一阵子，几天或几星期，具体情况取决于你们吵架的激烈程度。在这期间，她可能等你找她服个软、道个歉，即使错处完全不在你。但她就是觉得你错了，你攻击了她。在她看来，既然你不知悔改，她就必须用她所能想象的最严厉的手段来惩罚你，于是她冷淡疏远你。虽然一部分的你可能很享受这种宁静，但另一部分也许还是会担惊受怕，紧张不安。理智告诉你，你必须设法修复母女关系。因此，训练有素的你可能最终还是会主动联系她，向她道歉。

不过如果你硬扛下去的话，不久之后她反而会主动找上门来，仿佛你们从不曾有过口角，甚至也不承认你们冷战过。她会给你发轻松活泼的短信："嗨，你好吗？我做了很多果酱。家里的狗狗最近脚受伤了，不过现在已经好了。有空给我打个电话吧。"

于是你大惑不解……什么？难道上次的争吵只是个梦吗？

这无疑会使你陷入一种自恋狂所主导的毫无胜算的经典局面。原因很简单，你要么遵守她的游戏规则服软道歉，要么假装你们和谐如常，出于情面给她回个短信。这就意味着上次的架算是白吵了。

要么，你也可以问她：“等会儿，妈妈，记得我们上次吵过架吗？我们先得解决问题呀。”不过这样一来，你就等于把自己置于自恋式暴怒的边缘。“什么？你还计较这档子破事吗？我的老天，你这人真记仇呀，太可怕了。过去的事都过去了，你怎么能这么小心眼呢？你这人我算是没辙了。”

于是，你莫名其妙地成了小心眼、斤斤计较的恶人，她则打出了一张受害者的牌……怎么会反转成这个样子？

事实上，她才是不讲道理的人。正确的做法本来就是在翻篇之前先把问题解决掉。你们得找出问题的根源，然后双方协商，尽量确保问题不会再发生。错误的做法则是在问题已解决、过错方已真诚道歉的情况下一再翻旧账，这才叫小心眼。不过你们母女之间显然不是这种情况。

老实说，我们这些自恋狂母亲的女儿从小就被洗脑，从来都不敢惹事，所以只能乖乖接受母亲的暗示，仿佛这种情况再正常不过了。当然，这也正好称了她的心。

她破坏你人生的重大时刻，否定你的成功。

自恋狂母亲对你人生的重大时刻和成功绝对深恶痛绝。如果细想一下，这也是讲得通的。既然她是宇宙的中心，那你毕业、怀孕、生孩子、出书、结婚自然也差不多等同于逆天大罪。你想成为主角，那可是僭越之举，万事万物的主角应该永远是她。

据我观察，我们论坛上几乎每一位已婚女士都有毛骨悚然的婚礼故事，你很可能也一样。细节因人而异，但都有一个共同的根源，那就是自恋狂母亲。在这种场合，我们的母亲有两种行为：1）设法毁掉女儿的幸福；2）设法将宾客的注意力从新娘身上转移到自己身上，毕竟这才是宇宙正道。

如果她们得不到关注，你几乎可以肯定，她们会心理失衡。我们论坛上的阿曼达说她以前还没注意到，后来细看姐姐的迎婴派对照片，才发现无论在哪一张照片上，她母亲都噘着能挂油瓶的嘴，见谁都瞪着眼，绝对是自恋式狂怒的经典表情。

下面再来谈谈母亲否定我们的成功。在这个时候，她们不仅抢功，还能获取相应的关注。你可能敢打包票，她的朋友熟人都听过你毕业、生孩子、出书、结婚的消息。因为分享这些消息的时候，她可以获得关注乃至赞赏。潜台词很明显，你能成就这一切，她当然厥功至伟。

自恋狂母亲甚至会成为女儿成功路上的绊脚石。举例来说，她会打击你的自信，鬼使神差地毁掉你的面试。或者她会看着你准备送到画廊参展的画作，鄙夷地指点一番。“这些玩意儿看着还行。”她不屑一顾地点评道。于是，你被浇了个透心凉，最后也没把画作拿到画廊参展。

但她爱你的悲剧。

怎么说悲剧这事呢，其实她既爱又恨。

她恨是出于同样的原因，在你的悲剧里，你是主角，可她理应是万事万物的主角。因此她会麻木无情，对你没有丝毫体贴。“流个产没什么，胎儿估计发育畸形，流了是好事。”

或者她还可以跟你一争输赢。“流个产没什么。我都流三次了，你就流一次还抱怨？”

或者她还能以其他方式压你一头。玛丽安流产了，她母亲叫她不要再折磨自己脆弱的神经。“因为我比你更痛苦。我失去了外孙，我还得担心你的情绪。你倒舒心，只用操心你一个人就行了。”

或者还有更经典的。“哦，你刚刚被诊断得癌症了呀，很抱歉听到这个消息。我刚刚想起来，我预约的扁桃体手术快到了。我跟你讲哦，我真高兴可以把它们摘除……”接下来的半个小时她可以大谈她的扁桃体，一个字也不会提到你的癌症。

话虽如此，我们的自恋狂母亲对我们的悲剧和灾难还是欢喜非常的。只要任何不幸降临在我们身上（事实上是任何人身上），她们便会沉浸于真正的自恋式狂喜之中。依我之见，她们欣喜若狂不外乎两种原因：她们热爱劲爆事件；她们热爱稍后与朋友分享时可以从中获得的自恋养料。

这样的场面有时也会很搞笑。有一晚我的车在家门口被一群所谓的飞车党偷了。他们把车飙到了沟里，又弃车而逃。一位好心人发现了我的车，并在车内发现了一个信封，收件人是我，但上面留的是我父母的地址，这也正是我母亲牵涉进来的原因。

她喜出望外，兴奋得难以用文字来形容。绝对的自恋式狂喜。这是她一辈子最得意的时刻！她心潮澎湃，连珠炮似的大谈她的计划。那晚她准备和父亲一起来我家，接我去翻车现场取车。好极了，这真是完美的计划。她说："我看车里的位置有限，可能约翰（我丈夫）坐不下，因为车里要预留你、我、你父亲、你妹妹和米莉的位置。"

先说明一下，米莉是他们家的大型犬。她打算把包括狗在内的全家成员都带到事故现场。我敢打包票，我母亲肯定会坐在副驾驶座上，在法国断头台[①]上飞针走线地织毛衣。

她可不会在乎狗挤走了我丈夫的位置，虽然在那种情况下我丈夫是我的依靠，我希望他陪着我；虽然我丈夫是那一堆人中唯一一个懂汽车的人，是我们中间最重要的一员。

不过，并不是所有的悲剧都这样搞笑。我母亲住的小镇子里，有一个年轻的女人不幸撒手人寰。我去看母亲的时候得知了这一消息，母亲浑身散发出自恋式狂喜，兴奋得几乎要颤抖。"我要告诉你一个坏消息！"她迫不及待地告诉了我那个女人的死讯，还把她从当地报纸上剪下的足足占了半页纸的悼文拿给我看，接下来又把她从国家级报纸上剪下的只有几行字的悼文拿给我看。

总之，母亲认识死者的姑姑，又和死者的母亲有点头之交，她参加了葬礼。从文化风俗来讲，这本无可厚非。但让人匪夷所思、让我的胃翻江倒海几欲作呕的是，她说话的方式有些变

① 据说副驾驶座是最危险的位置，相当于断头台。

态，她两眼放光，活像一闪一闪的萤火虫。“我跟你讲哦，她母亲和姑姑一眼就认出了我！她姑姑还跑出来迎接我，还说我能过去真是太好了！”

那个时候我还不懂自恋人格障碍，即便如此，我还是很想对她说：“在这种场合你别争当主角了，行吗？”不过我也知道，只要我敢说，母亲就敢让我尝尝什么叫自恋式暴怒。因此我一个字也不敢说，真是太可耻了。我感觉自己无形中帮母亲获得了八卦悲剧的快感，有如一个沉默的合作者。

她一手打造替罪羊和黄金天使。

自恋狂母亲将孩子分为两类：一无是处的替罪羊和完美无瑕的黄金天使。

替罪羊：

身为替罪羊是一种痛苦而迷惑的体验。为什么你总是惹麻烦，而你的兄弟姐妹无论做什么都能逃脱惩罚？为什么你的需求总是得不到满足，而你的兄弟姐妹却总能享受有求必应的待遇？为什么背黑锅、被指责的那个人永远是你？

如果你成为替罪羊，你很可能已成为家里那位“被认定的病人”（简称 IP）[①]。这位“病人”是全家人下意识地挑选出

① Identified Patient，指的是一个有问题的家庭中被确定的病人，大家一致认定他或她有病，从而掩盖整个家庭都有病的事实。

的为全家人背黑锅、帮全家人洗白的工具。因此，身为“被认定的病人”，你可能就是家里那位有饮食障碍症，甚至会逃学旷课、酗酒吸毒、乱搞男女关系的害群之马。不管家里的其他成员犯了什么错，最后背黑锅的人总是你，因为是你把家里闹得鸡飞狗跳，当然要怪你。

这个标签贴久了，你肯定也会深信不疑。毕竟，他们说得都没错，你的确有这些问题。这会越发让你觉得自己是个人渣，亦会加重你的挫败感。

自恋狂母亲甚至可能要你去看心理医生。你可能认为母亲是为了你好，也可能不这么认为，总之最后你还是看了心理医生。如果心理医生够专业，他或她可能会看出家里的问题，甚至会站在你的一边，给你的母亲贴上“自恋人格障碍”的标签。如果心理医生不专业，则可能会继续认定你是万恶之源，成为另一个挫败你的帮凶。

即使你没有被母亲拖着去看心理医生，你是害群之马，是老鼠屎，是全家人不得安宁的根源也会成为全家人的“共识”。

身为替罪羊太悲剧了。

黄金天使：

不过在我看来，替罪羊还算是幸运的，呃，相对幸运。摊上一个自恋狂母亲，你就休想幸运。但至少从概率上来说，替罪羊更倾向于寻找答案，一旦找到了，他们也有更大的概率逃离自恋狂母亲的魔爪。

黄金天使终其一生都被困在镀金牢笼之中，实实在在地沦为了自恋狂母亲的玩物。黄金天使往往被吞噬，她的生活最终将和母亲的生活死死纠缠在一起。从表面来看，黄金天使和母亲似乎母慈女孝，亲密无间。外人也许会赞不绝口，甚至心生妒意。连替罪羊看了都要眼红不已，恨不得自己和母亲之间也能这样和谐。

但这并不是一种健康的关系。双方搅成一团，母女之间的边界线模糊不清。

另外还请注意一点，替罪羊的角色和黄金天使的角色有可能随自恋狂母亲的心情而异。也许今天你是替罪羊，明天就成了“光荣”的黄金天使，这实在太混乱了，简直让人想破了脑袋也弄不明白。

她迫使你父母化。

自恋狂母亲可能会对孩子施以一种名为“父母化”的流程。这意味着她希望女儿能成为自己的父母，能安慰她，能成为她的倾诉对象。因此，母亲可能会和女儿分享一些不得体或不适宜的信息，例如母亲的性生活细节、母亲的恋爱细节或家里的经济压力问题。

她迫使你婴儿化。

作为父母化的引申，另一个极端也很可能同时存在，那就是自恋狂母亲可能会迫使女儿婴儿化，她使得女儿意志薄弱，以为离开母亲寸步难行，不知不觉间深陷于母亲的掌控。举例来说，自恋狂母亲可能会夸大外部世界的危险程度，或者不教女儿生存于世所必需的任何技能，例如量入为出。

她永不道歉。

自恋狂母亲永不道歉，绝不会有坦荡承认错误的态度。还是那个原因，她们认为自己完美无缺，浑身上下挑不出一丝错处，自然无须道歉。如果有人指责她们的某些行为不得体，她们会设法使出“煤气灯大法”，百般狡辩，把所有指控抵赖得干干净净。不过如果洗白失败的话，自恋狂母亲可能会使出最后一招“撒手锏”——自恋狂的专利绝招“虚假道歉”。

虚假道歉的形式有许多种。“很抱歉让你难过”是最经典的一款，“如果我让你难过了，我向你道歉”则是经典款的表亲。要么，还有伪装成道歉的抵赖句式：“我真没想到，你居然开不起玩笑，我得向你道歉。”

你还有可能听到一种翻白眼式的讽刺型道歉，对方表现得如 6 岁小儿被迫道歉一样，言不由衷地吐出三个字：“对——不——起！”

所有的这些道歉都有一个问题：它们只是假装道歉而已，虽然表面上有“对不起”“道歉”或“抱歉”的字眼，但内里却隐含对你的讥讽！要么是赤裸裸的讥讽，要么是绵里藏针式的使坏。

如果你胆敢抱怨道歉不真诚，势必会招来自恋式暴怒以及更多的“煤气灯大法”。可能会像这样：“你到底有完没完！你这人还真难伺候！我已经说了对不起，你还要怎样？要杀了我才解恨吗？”

可你从内心深处就意识到，这并不是道歉。它只是貌似道歉而已，纯粹是装样子的假把式。和自恋狂打交道容易把人逼疯，乃至精神崩溃，自恋狂言行不一带给你的违和感便是其中的痛苦之一。

正确的道歉应该是这样的：“我做了 X，我知道自己的确是错了。我在此向你诚恳道歉，不玩虚的，也不找借口。我会做 Y 来弥补我的错误，并保证不再犯同样的错误。”犯错也许是有原因的，因为绝大多数人犯错都是无心之失，并非心存恶意，但这些原因都不能凌驾于道歉之上。因此，你可以这么说：“很抱歉我忘记了你的生日，最近工作实在太忙，不过这不足以成为借口。我可以请你吃饭稍作补偿吗？我会把你的生日放进记事本，明年一定不会再忘记。”

你永远不会听见自恋狂直截了当地说“我错了”。

一旦假模假式地道完歉之后，她会全身心地希望一切照旧。对她来说，虚假道歉只是一张免罪金牌。她并不认为道歉意味着她需要弥补，更不认为她需要采取措施避免今后再犯类似错误。

不过，如果你向自恋狂道歉就是另外一回事了，这个自不必说。

一般来说，自恋狂不会接受你的道歉。她为什么要接受？

一旦你道歉，你就会低声下气。她大可以对你高高在上。对于自恋狂来说，站在这个位置可真是美妙无比。她怎么舍得结束这种享受呢?

所以，你可能会听到她说“说对不起有什么用？”或者还有别的句式，那可是我母亲最爱的抢白句式之一——“你犯错之前怎么不说对不起？”（我几岁的时候就知道这话的逻辑有问题）。

或者还有：“你就继续道歉吧，等我觉得满意了再说。我得看看你的道歉够不够真诚。”

知道了这些之后，现在你应该明白自恋狂就喜欢处处占上风，这实在没什么好奇怪的。在这种情况下，你很可能还会看到一些主要的“自恋式狂喜”的表现。

她永远没错。

呃，有时她们会承认自己做了某些不该做的事，也许这只是因为无法抵赖而已。但你猜怎么着？她们会说，这不是她们的错！当然不是，毕竟她们完美无缺嘛，因此即便她们偶有差池，那也肯定是出于某些外部原因，而不是因为她们本身有任何缺陷。先讲一个经典的例子吧，我父母都打算戒烟。后来我父亲成功戒烟，但母亲失败了。母亲的解释是这样的：“很正常嘛，你父亲成功了，那是因为他戒烟进入暴躁期时我对他无比耐烦。我戒不了，那是因为我痛苦的时候他不耐烦，还老跟我对着干。”

这样的例子有很多。比如我母亲言之凿凿地说，她太唠叨只是因为我让她紧张。她对我的事不感兴趣，只是因为不管她怎么做，我总看她不顺眼，所以她太紧张，没法正常反应。

她有受害者 / 殉道者的心态。

自恋狂永远都是受害者，绝无可能是加害者。她们认为别人总欺负她们，因此她们有必要随时摆出奓毛的架势保护自己。在她们看来，你做了什么算欺负她们呢？答案很简单，就是抱怨她们的某些行为不得体，不管你的抱怨有多轻微都算欺负。如果你说，“妈妈，你以后能不能不要做 X？这会让我不舒服”，你得到的反应很可能相当于你说，“我要杀了你的宠物，烧了你的房子，还要连着毒打你好几天”。这可不是开玩笑，自恋狂就是这么玻璃心。对她们来说，划界限就是攻击。不同意她们的想法就等于拿刀扎她们的心。

自恋狂母亲有本事把每一个事件扭曲成对她的某种迫害。她扭曲真相、忽略事实、扮演殉道者的功力之深让人叹为观止。

更精妙的是，她还有本事纠集一帮党羽以及她的共生家庭成员（后面我会详细介绍）为她摇旗呐喊，给她以同情和怜惜，并一致指责她的女儿心肠恶毒、卑劣无耻，完全是不懂感恩的白眼狼。

这让她进一步确信自己是对的，你是错的，因为每个人都这样认为。

这亦会把水搅得更浑，逼得你濒临崩溃。最初的不快仍然还在，她把你的感受通通否定推翻。更要命的是，你莫名其妙地背上了恶人的骂名。

最后还有一招扮演殉道者逼你就范的绝活，这可是一张杀伤力极大的王牌，“你到底有没有良心？我为你牺牲了这么多，你怎么能这样对我？”然后，她会提醒你，她如何为了你放弃了如日中天的事业，如何支付巨款送你上学，如何在百忙之中还要带你上舞蹈课，诸如此类，等等（请记住，千万不要落入她的陷阱。决定做母亲的人是她，所有这些都是身为人母应尽的责任。你不欠她任何东西，因此没必要把自己在法律和道义上的权利通通拱手让与她。你真的没这个必要）。

她睚眦必报，是玩抹黑的个中高手。

自恋狂的表现共分为四层：

· 首先，她要你赞美她。这是她的默认状态。你得赞美她，听她的话，对她百依百顺，甚至膜拜她。

· 如果她得不到你的赞美，那她就要你恐惧她。到了这一步，自恋式暴怒就该喷薄而出了。

· 如果连恐惧都得不到，那她就要你的怜悯。这时她会使出我上面讲的种种手段，大打受害者牌。

· 如果还是不起作用，那她就会怀恨在心，找个机会跳出来抹黑你。

老实说，她们可以恨你一辈子。这也是有道理的，原因同上——她们是如此与众不同，如此完美无缺，你违她们的意自然是死罪。从这点来看她们真的很危险，因为她们可以枕戈待旦好几年，只为一朝一雪前耻。鉴于此，如果在日常生活中遇到自恋狂，一定要绕道走，尽量少招惹她们。不要对她们表示出任何兴趣，不要和她们打交道，更不要和她们对着干。

抹黑是她们的必杀技之一。抹黑意味着想方设法地对所有人说你的坏话，四处散布对你不利的谣言，存心要把你搞臭。对于自恋狂来说，这可谓一箭双雕之举。一方面，她可以把自己摆在受害者的位置上，博得无数同情（即自恋养料）；另一方面，还能杀人不见血地摆你一道。

抹黑是一招极难招架的绝技。它太过诡秘阴险，以至于你可能意识不到它的存在。等到朋友们不再搭理你或漠视你，等到商业伙伴不再回你的电话，你才大梦初醒。如果你问朋友或商业伙伴为什么要这样，他们甚至会沉默以对。这个时候你差不多可以肯定，这就是自恋狂希望看到的结果，而且也是她们设法使的阴招（“我跟你说的话，千万别跟她讲”）。

她绝不允许你真正做自己。

每次开车去父母家，我都会在车里坐一会儿才下车。在那一刻，我可以感觉真正的自己正在一点一点折叠封存，走入他们家的其实只是一个按我的相貌制作而成的硬纸板人，与我本人没有一星半点的关系。因为，根据我多年的经验，那个真正的、有血有肉的我在他们家是不受欢迎的。他们不认可甚至也无法容忍真正的我。他们要的是一个乖巧听话、毫无自我、绝不惹麻烦、永远不敢提出挑战的“完美”的我。在他们的想象中，我们是一个其乐融融、母慈女孝、所有人都同心协力的美满家庭，我必须努力配合，绝不能打破他们的幻想。

绝不允许你真正做自己实际上就是一种精神谋杀。

她喜欢玩分治术。

自恋狂喜欢充当家庭运营的“中枢”和所有信息的掌控者。因此，她们常常喜欢玩分治术，这意味着所有信息都要通过她们。她们会设法阻止你与兄弟姐妹直接沟通，你无法得知同胞手足的所有近况，因为她们只会转告你应该知道的。这样一来，她们当然可以根据自己的需要过滤、加工信息，甚至编造赤裸裸的谎言。这意味着在教唆挑拨之下，你和兄弟姐妹（或其他重要的亲戚熟人）会渐渐疏远。自恋狂对此自然会满意至极，因为你们无法协作或反抗。“分而治之”是自恋狂的信条。

她很可能喜欢挟小恙而自重。

许多自恋狂都有一些无关痛痒的小病，她们似乎爱死了自己的病。这些小病不仅让她们获得了医生的关注，而且还为她们提供了源源不断的自恋养料，使家人不得不成天围着她们转。家人得照顾她们，听她们哀叹抱怨，竭力包容她们的蛮横任性。

有一种病叫“孟乔森综合征”[①]，和自恋狂的挟恙自重非常相似。我找不到这种现象和自恋人格障碍之间的任何官方联系，亦参不透两者之间的联系。但自恋狂似乎很喜欢用小病小痛来博取关注。

她送的礼物总让人尴尬。

自恋狂母亲总有本事送一些莫名其妙的礼物。每次给身边的人买礼物，她们总能剑走偏锋，往往都是一些最匪夷所思、最唐突诡异的礼物。究其原因在于两点：第一，她们的的确确不把任何人当人，所以无从得知别人喜欢什么；第二，她们完全不在乎别人怎么想。如果她们能设身处地地为别人着想，那就不会沉湎于自恋了。当然，这绝对是不可能的。

有了自恋狂母亲，你自然会有天底下最一言难尽的礼物，例如样式丑得令人发指、你绝不会穿的衣服，内容乏善可陈你提不起一丝兴趣的书，你绝对憎恨的某种商品的购物券。如果她发现你不感兴趣，当然还会扔下一声叹息和一句埋怨：“唉，你真是太难取悦了。”

她们也很能转送礼物，至于礼物是否适合你或包装盒有多邋遢，她们自然也懒得管。有时你甚至能一眼看出，她们只是最后一刻从柜子的最里面随便掏出一件小玩意儿送人应付了事。

---

① Munchausen’s Syndrome，它指的是一种通过描述、幻想疾病症状，假装有病乃至主动伤残自己或他人，以博得同情的心理疾病。

不过，有时她们送礼还是花了一番心思的，但这样的礼物都包藏祸心。送减肥书、收纳书就是她们的拿手好戏。

她们真的很热衷于送礼，这看起来似乎是一个悖论，却合情合理。我记得很清楚，每次我母亲递给我一样礼物，脸上总是溢满了自恋式狂喜。这是因为自恋狂满怀期待，希望收礼的一方能曲意奉承，如果做不到，至少能表现出感激不尽的意味。换言之，她们需要无穷无尽的自恋养料。此外，送礼的一方还可以在地位上压你一头，毕竟她们是施舍者，而且很享受这种高高在上的快感。接下来，她可能会详尽无遗地讲述她买礼物的经历，你的耳朵可得受刑了。

因此，无论你收到什么样的礼物，都必须感激不尽，否则就得准备迎接自恋式狂怒。你表达惊喜和感激的时间必须足够长，长得超出任何一个正常人所能期待的时长。而且必须足量，还必须一而再，再而三地感谢。记住一点，你的感谢无须发自内心。自恋狂不太容易察觉别人的感谢是否有诚意，还是那个原因，他们太自恋。他们必须认为别人必定会千恩万谢，而且出于倨傲，他们也决计想不到别人会虚与委蛇。

从逻辑上来推论，自恋狂接收礼物时自然会盛气凌人，这实在没什么好奇怪的。他们可能会不屑一顾，把礼物随手扔在一边，不咸不淡地说声“谢谢”。或者，他们可能还会直接拉下脸（如果眼泪更管用，可能会掉几滴猫尿），指责你不该买让他们掉价或与他们气场不合的破烂玩意儿。

她憎恨你的伴侣。

不过也有可能不恨……

总之，她要你软弱可欺，她要你战战兢兢，她要你孤立无援。她不希望你强大自信。因此，如果你找到了一位能让你自信、能全心全意支持你的好男人，她可能会恨得牙痒痒，甚至不惜动用一切力量来破坏你们的感情。不过，如果你找了一个自恋狂或虐待狂，她反而会心满意足。

她毫无边界感。

自恋狂的眼中没有边界。自恋狂母亲会大摇大摆地走进女儿的家，大大咧咧地整理厨房的碗柜，这种事我们已经见怪不怪了。要么，她们会问一些完全不适宜的问题，例如性生活、生育计划或经济状况，还满心指望你实言以告。要么，她会和你分享一些关于她的不适宜的信息。

她们认为这无可厚非。因此，如果你想阻止她们，或尝试划出一道正常合理的边界，她们会立马跟你翻脸。

究其原因，在于自恋狂憎恨边界，而且是恨得咬牙切齿。在她们看来，划边界是一种人身攻击，因此她们会使出洪荒之力以及自恋式暴怒予以反击。她们认为这合情合理，就像普通人遇到物理攻击应尽力自保。

举例来说，如果你说：“妈，以后你来之前能不能先打个电话通知一下？不要这样直接就过来。”她会认定你这是人身攻击，肯定会让你吃不了兜着走。

她可能会觉得被冒犯，或直接暴跳如雷。

她可能会指责你在进行情感勒索，说得言之凿凿，让你晕头转向，继而怀疑自己是否真的如此不堪。

她也许会说："好！以后我再也不去你家，我知道你翅膀长硬了，不再需要我了！"接下来你得努力解释你说的话不是那个意思。

她也许会痛心疾首，声泪俱下，"我现在做什么都不对！我辛辛苦苦养大的女儿不要我了！"到了最后，你得好言劝慰，向她保证她绝无一丝错处，你当然还需要她这个母亲。就这样，谈话的焦点从你的请求迅速转移至她的痛心，再也拉不回来了。

或者，她可能还会继续反唇相讥："哼，你要求我事先请示是不是太过分了？你到我家可一直都是想来就来的，这又怎么说呢？说呀？"然后，你得提醒她，这明明是她一直坚持要求的，而且你试过事先打电话，但她叫你不要这样客套。

当然，她很可能会抹黑你，只要有人愿意听，她就会根据自己的需要歪曲事实："我女儿叫我再也不要去她家了！"

你只是要她事先打电话而已，这样的要求一点都不过分。如果你以为这种一哭二闹三上吊的行为是一种反应过度，呃，你猜对了。不过，自恋狂对任何暗示她们不够完美的建议都极度敏感，对她们而言，这种剧烈的反应完全合理。在她们看来，你不成熟的小建议绝对是一种丧心病狂的攻击。

是的，这里还有一丝讽刺的意味。在反驳你的过程中，她会指责你过度敏感，虽然事实上，真正过度敏感的人是她。

我会在 88 页详细介绍如何针对自恋狂设定界限。

她的需求永远第一。

在和自恋狂的关系中，你永远都要满足她的需求，而你的需求则永远被忽略。在正常的母女关系中，母亲总是会照顾孩子的合理需求，不过在这里正好相反。

如果你像我一样正好有一位忽略型母亲，你母亲可能不会过多地指望你来满足她的需求——我母亲总能把自己照顾得好好的，因此不需要我或者我的手足过多地满足她。但她不会照顾我们的需求，起码不会尽到一个母亲最低的职责要求。

吞噬型母亲的需求有如无底的黑洞，因此她们的女儿从小就得尽心尽力满足母亲的需求，完全意识不到自己的需求本应得到满足，但永远被无视。

更要命的是，即使她没完没了地强调自己的需求甚至欲求，她还是要让你觉得你这人太自私，总想着满足自己的需求。举例来说，如果你想给自己买某件婚纱或预订某处婚宴场地，她却心有他属，这时她会间接或直截了当地指责你："噢，你太自私了，你知道吗？你总想着你自己。无论做什么，你总是要按你的来，从来都不为别人想一想。"这样一来，你便会深感内疚，觉得自己太过自私，很可能会屈服于她的意志。

她扭曲你的自我认知。

父母有责任将孩子的形象如实地投射给他们，以使他们长大后能找准自己的定位。可自恋狂会扭曲孩子们的形象，他们会撒谎，使我们无从获得正确的自我认知。他们总是说，我们天生有缺陷，我们身上存在着这样或那样的问题。这是一个庞大的话题，我会在 50—53 页详细探讨。

她异常敏感。

自恋狂母亲对批评极度敏感。自恋情结使她们身上出现了诸多可笑之处，其中之一就是她可能会指责你神经脆弱，害得她总是如履薄冰，可事实正好相反——真正有玻璃心的人其实是她！她的自我太过脆弱，因此总是高度戒备，一有点风吹草动就会摆出拼命的架势（即自恋式暴怒）。

举例来说，我母亲是一位虔诚的天主教徒，我记得有一次她煞有介事地讲述她遇到的一些新教徒："身为新教徒，他们的幽默感已经算是登峰造极了。"我实在忍不住大笑起来。我说："妈妈，你的偏见又冒出头来了。"母亲恶狠狠地打断我："够了，达努！"逆来顺受的我马上乖乖地龟缩回我的小盒子。

然而，自恋狂母亲很喜欢批评别人。她是宇宙的中心，只要他人的意见或喜好与自己的相左，她就会脑路清奇地视之为奇耻大辱。她不会简单地认为只是意见不同，而是觉得自己受到了冒犯。从自恋狂是非颠倒的角度来看，这样想是有道理的，因为她完美无瑕，她的意见和喜好自然也无比正确，他人的当然大错特错。更糟糕的是，他人只是意见和喜好不同，在她眼里却成了暗中放冷箭指摘她的恶人！怪不得她会视之为奇耻大辱。

她的话异常多！极其多！

话异常多是表演型人格障碍的一大特征，不过许多自恋狂也有这一特征。毕竟，她是宇宙的中心，她的每一个一闪而过的念头都非同小可，必须与全世界分享；她生活中的每一个细节也至关重要，值得所有人好好聆听。

自恋狂可以喋喋不休、纤毫毕现地讲述她们的生活琐碎和意见想法，听得你头痛欲裂。她们可以没完没了地讲下去，这样的长篇大论无异于一种折磨。她们的肺活量奇大，可以不喘一口气。到最后，你这位天选的听众开始感觉自己已不复为人。你只是她们的听众，不是活生生的人。和母亲在一起，我总觉得真正的自我被折叠封存，我可以游离于肉身之外，看见自己只是一个硬纸板人——她长得像我，但从任何真正的意义上来讲，她并不是我。真正的我纯属多余。

有一次我做了一个试验，我就坐着听母亲说话，不给予任何回应和鼓励。我只是坐着望着她。当时她刚和父亲度假回来，她开始讲他们度假的经历，虽然他俩之前已给我讲了整整一小时。可不知怎的，母亲又开始讲了起来。我可绝没有夸张，我用烤箱的计时器计算时间，在我完全没有搭话的情况下，母亲把她之前对我详细讲述过的经历又足足讲了四十五分钟。

她是投射大师。

在这里，“投射”指的是一种从他人身上看到自身缺陷的心理倾向。自恋狂当然无法忍受自身有缺陷，她们得设法摆脱，而且是越快越好。因此，她们把缺陷传递给离自己最近且听话顺从的接受者。她们的孩子自然成了天选之人，因为他们总是对父母深信不疑。

因此，只要她们隐隐意识到自己有哪些无法应对的痛苦缺陷，她们就会一股脑地栽赃到你身上，无形中把这些缺陷投射给了你。

其中一个典型的例子就是她们总说你过度敏感，其实真正过度敏感的人是她们。她们会数落你自私，指责你分不清是非黑白。诸如此类，等等。

可怕的是，她们一说我们就信了。孩子天生就相信父母，因此，我们从小到大都以为自己自私贪婪，身上具备母亲说的所有毛病。这更多的是一种洗脑行为。当然，当她指责我们颠倒黑白时，简直是证据确凿——我们记得的事实版本和她的版本正好相反。老实说，作为一个年幼无助的孩子，我们有多大的机会挺身反抗？

她很可能把你打扮得很难看。

你还是一个孩子的时候，你的外表、发型、整洁程度和衣着得取决于自恋狂母亲的兴致和需求。

如果她是忽略型母亲，那你的外表很可能会被忽略。我就是这种情况。老实说，我当时相当邋遢，写到这里真是难堪得要命。当时我的头发又厚又长，总是乱蓬蓬的，打结成团。我记得童年时母亲很少碰我，有几次她破天荒地给我梳头，想把头发梳顺一点。我的头发太乱，她又怒又恼，对我发了一大通无名之火。她粗暴地拉扯我的头发，令我痛苦万分。但那时的我可能才不过八九岁，不应也不能对我的乱发负责，尤其是在母亲从未教过我如何照顾自己的情况下。我还记得我连着好几个月穿同一件背心，最后几乎把它穿成灰色。我的脖子上和耳朵上布满汗渍。我记得 12 岁那年，我没有鞋子，只能穿拖鞋去上学。我们家虽然不富裕，但买鞋子的钱还是有的。从来没有人发现我的鞋子破了，我出于各种原因也从来没有说。

其他自恋狂母亲唯恐女儿比自己漂亮，可能会故意把女儿往丑里打扮。雪莉记得母亲坚持给她留男孩的发型，她对此深恶痛绝，为了把头发留长，她不知道苦苦哀求了母亲多少次，但都被严词拒绝。还有一些母亲给女儿买丑得令人发指的衣服，存心把女儿往美的反面引导。不出意外的是，母亲常常会在女儿的青春期实施这种虐待，不过有的母亲还会这样折磨女儿一辈子。

当然，还有一些母亲会把女儿打扮得漂漂亮亮。也许漂亮得有些过了。她们把女儿打扮成洋娃娃。不出意外的是，这样“体贴”的往往是吞噬型母亲。她们的女儿总穿着漂亮得不可思议的裙子，头发受刑似的被设计成繁复的发型，不被允许穿短裤和爬树。

还有的女儿打扮得也很漂亮，而且恰到好处，但这只是因为父母希望维护完美家庭的形象。完美的仪容仪表正是这种形象的一部分。

正常而健康的整洁程度——允许孩子疯闹嬉戏把身上弄脏，之后再清洁干净——似乎是这类家庭的禁区。

她可能无视你的健康状况。

自恋狂母亲常常不会给孩子合理的医疗护理。我已听过无数这类恐怖的故事，例如骨骼脱臼不带孩子接骨复位，受伤了不带孩子缝针，以至于留下永久的疤痕，等等。看牙医以及其他的医疗护理也常常被忽略。

她可能让你“早当家”。

自恋狂母亲常常懒得教女儿学习照顾自己的基本技能（例如个人护理），她们也懒得亲自照顾女儿。另外一个极端是，她们还要求女儿从小就自己照顾自己。安妮记得自己小时候连洗衣机的按钮都够不着，可还得亲自洗衣服。

她的好奇心为零。

自恋狂的好奇心为零。呃，当然她们也许还是爱管闲事。当他们嗅出某件事对你有害而对她们有利时，或者当她们发现了解某位名人的八卦可以让她们被人重视时，她们尤其爱打听。不过她们对你或其他任何人不会有任何发自内心的好奇。她们不在乎你的恐惧（除非可以利用）、希望（除非可以摧毁）和心愿（除非可以嘲讽，或为自己达成同样的心愿）。

她阴险狡诈。

没人在的时候她会对你说残忍刻薄的话，一旦有人在，她们便会立刻虚情假意。她打着“为你好”的旗号羞辱你。她用小恩小惠来操控你。所以其他人都看不出她的残忍。他们还以为她亲切可人。这使你进一步被孤立，一步一步把你逼疯。

她很可能有虚荣心。

你可能要疑惑了，为什么要在这么多内容后才提到自恋狂的虚荣心？毕竟，人们想到自恋情结时，第一个念头就是虚荣心。人们常把虚荣心等同于自恋情结。不过，自恋情结可远不止爱慕虚荣这么简单，它甚至可能不包括虚荣心。

不过前面已经说过，自恋狂当然可能有虚荣心。一般而言，她们要么极其在乎自己的外貌（我们称这类人为“肉体自恋狂”），要么极其在乎自己的智商（我们称之为“大脑自恋狂”）。

在此有必要强调一点，不管是哪一种情况，自恋狂事实上都不可能美貌绝伦或智力超群，她只是这样以为罢了。前面已经说过，自恋狂与现实严重脱节，没有自知之明是她们的一大特点。

她的眼泪中很少有真诚。

自哀自怜的眼泪、愤怒或假惺惺的眼泪只是为了操控你。她不会有正常人的眼泪，例如出于悲伤、沮丧或同情他人的眼泪。

她不会真正哀悼。

除非是因为她自己的损失。因此，失去丈夫的自恋狂只会哀悼自己失去依靠，但不会为丈夫本人而哀悼，也不会因为丈夫不幸离世而难过。

她毫无幽默感。

自恋狂毫无幽默感，除了偶尔会对脚踩香蕉皮摔个狗吃屎之类的笑话感兴趣之外。她们绝无可能拿自己开涮，这当然是有道理的，不是吗？另外，她们也往往无法领会各类幽默的微妙之处，因为许多幽默都需要同理心。我们大笑，是因为我们可以理解笑点——但自恋狂心里只有自己，不可能与他人感同身受，因此她们听不懂笑话。

她很可能喜欢沽名钓誉。

有时，她们会赤裸裸地说出来，声称自己比其他所有人都重要（真不知道有多少人会买他们的账）。另外一些时候，她们则摆出比其他所有人更神圣、更乐于助人的架势来沽名钓誉。在某些情况下，在教堂、社区、协会、慈善团体等高大神圣的机构积极奉献的人可以获得自恋养料。当然，这类人士也并非全都是自恋狂，其中也有许许多多真诚无私的人。不过，那些特别招摇、喜欢出风头的人很可能有自恋情结。

你母亲可能包括在内，这无异于雪上加霜。所有人都跟你说，你母亲纯良贤惠、善解人意、乐于助人，可你每次和母亲打交道都会在感情上被伤得千疮百孔。努力和这种现实弥合真的让人晕头转向。有一条线索可以帮你看清真相，那就是自恋式狂喜。真正的助人者可以从“助人”中汲取快乐；喜欢被人感激固然是我们所有人的天性，但真正的助人者绝不会有那种自恋式狂喜。

她很可能指责你是她成功路上的绊脚石。

某些自恋狂母亲的操控诡计是，声称曾经有一些成就辉煌的机会摆在眼前，但她为了抚育孩子（也就是你）而毅然放弃。呃，她被英国皇家戏剧艺术学院录取，但因为怀孕只得放弃学业。或者，她在区域性歌唱比赛中一举夺冠，但出于同样的原因没有在演艺之路上走得更远。

这真是一个相当高明的绝招。她无须证明自己，也无须冒着失败或被人拒绝的风险，就获得了一流演员或歌手的名头。而且，她还可以用这一招来敲打孩子，动不动就念叨“我为你牺牲了这么多，你怎么能这样对我？”

她不会反省。

自恋狂绝不会反省。

她们绝不剖析自己的行为或动机。从定义来看，她们是自恋狂嘛，所以她们的所作所为都是正确合理的，用不着进一步反思自省。

因此，你绝无可能让自恋狂反省曾经犯下的错误、分享吸取的教训或自嘲过去的糗事。

从感情上来讲，她们仿佛被琥珀凝固住一般。她们永远不会学习，永远不会成长，永远不会成熟。

我们大多数人都认为人生是一段逐渐觉醒、日益成熟、不断成长的旅程。我们从错误中吸取教训，避免以后再犯。我们不断打磨包括处理人际关系在内的诸多生活技能。

可自恋狂不会这样。完美无瑕的人还需要打磨提升吗？因此，自恋狂到了 50 岁还是和 20 岁时一样无知。她们不会积累人生智慧，更不可能散发成熟的魅力。

她认为所有人都在针对自己。

自恋狂的心眼特别小。在她看来，所有人都在欺负她或指责她。因此，如果你和她意见不同，那差不多等于冒犯。我们都知道自恋狂认为自己在所有方面都无懈可击，她们这样想也是情有可原的。如果她们觉得蓝是最好看的颜色，那就一定是了。所以，一旦你认为红更好看，那只有两个结论：1）你错了；2）你在下意识地暗示她喜欢蓝是错的，那你就是在攻击她。

颜色的偏好归根到底只是一种偏好，并不能说明谁对谁错，但自恋狂可不会这样想。

我挑颜色偏好这个小例子是有原因的，诸位可以看出，即便是这么一点鸡毛蒜皮的事也能冒犯到自恋狂。因此务必切记，如果碰到像信仰或政治这样比较宏大的领域，千万不要表达不同意见。

她把所有铁证都抵赖得一干二净。

你有没有遇到过四五岁的小孩，明明脸上糊满了巧克力，还直愣愣地望着你，一脸真诚地发誓说他们绝对没碰饼干罐？你可能指出他们脸上有巧克力的印子，即便如此，他们还是赌咒说自己没吃饼干。他们甚至懒得花气力去解释。他们也许会没皮没脸地承认自己脸上的确有巧克力，但还是一口咬定自己没吃饼干。

自恋狂就会干这种事。她们把与自己的故事版本不相符合的所有证据通通抵赖掉。她们也许会用经典的“煤气灯大法”，拒绝承认摆在面前的铁证。或者她们可以承认证据的确存在，但坚持声称证据不能证明任何结果。劳拉记得她母亲扬扬自得地这样说：“是的，文件上的确是我的签名，但我就是没签。”

碰上这种人你该怎么办？她们可以把一切抵赖掉，逻辑在这里毫无用处。

她对待服务人员没有一个适宜的度。

我在我的论坛里做过一项这样的调查，结果正如我预料的一样，自恋狂对待服务人员以及她们认为身份比自己低下的人

没有一个适宜的度 。她们要么对这类人专横跋扈，要么过于亲切。

帮凶型父亲

我们也需要谈谈帮凶型父亲。

对于自恋狂母亲的女儿来说，她们的父亲很可能只有三种：另一位自恋狂（是的，你没看错，这种情况的确存在，其实这种父亲还算好的）、缺席型父亲和帮凶型父亲。

正如标题所暗示的那样，帮凶型父亲就是那种助长自恋狂母亲种种自恋行为的父亲。他不会保护你，更不会为了维护你而破坏家庭的现状。他甚至有可能积极加入母亲虐待你的阵营，例如在母亲的指使下揍你。他也许会两面讨好，假惺惺地悄声对你说，“可怜的宝贝，不要和她对着干，你知道她的脾气”或“你大人有大量，别跟她一般见识”或“算了，不要计较了”。我们就在这样的环境中长大并习以为常，因此自然意识不到这种话缺乏逻辑。

父亲做帮凶，可能因为他也害怕母亲。任何人都不可能和自恋狂建立健康且享有自主权的关系，所以许多父亲干脆一走了之，最后能留下来的必定都深陷于共同依赖的病态婚姻而无法自拔。

还有另一种可能。父亲可能并不害怕母亲。在这种情况下，我认为他需要相信自己的妻子完美无瑕，我父亲就是这样的例子。总之从他的表现来看，他好像真的有一位完美无瑕的妻子。

这样一来，他和母亲达成了恶毒的同谋关系，其目标当然是打造母亲的完美形象。这并不意味着父亲和母亲之间就不会有龃龉摩擦，他们当然会争吵。但只要关系到孩子，父亲绝对会站在母亲的一边；事实上，他已沦为了母亲招之即来的攻击犬。

如果父亲胆敢离婚，自恋狂母亲往往会一门心思地教唆女儿疏远父亲，成天说父亲的坏话，糟蹋他的名声。这样一来，你迟早会和父亲渐渐失去联系。

现在，你可能不禁有如梦初醒、恍然大悟之感。然而，此时此刻，内疚感也有可能正在敲打你的良知。你怎么能这样看待自己的母亲？你很可能会因为自己这样指责母亲而羞愧难当。

你忆起了母亲的好。毫无疑问，她自有她的好。自恋狂往往体贴可亲，只要能为所欲为，她们甚至魅力四射，人见人爱。许多自恋狂母亲对年幼的孩子都疼爱有加，你可能还有 7 岁之前被母亲疼爱的童年记忆。换言之，在你有自己的个性和想法之前，你是母亲的小宝贝。

老实说，所有虐待狂都有对人好的时候——请参阅 70—71 页的详细内容，这并不能为她们开罪，更不能说明她们的虐待行为就是合理的。

你的内疚感只是长期以来被洗脑的结果。我会在 132 页详细探讨这一点，你现在可以先翻到 132 页看完了再回来，或者也可以暂时把内疚感“停驻”，等读到那一页再醒悟也不迟。

03

成长的阴影：自恋狂母亲之女

我们称自恋人格障碍为“上帝不断馈赠给我们的礼物”，颇有几分自嘲的意味。身为被自恋狂抚养的女儿，成长带给我们的阴影似乎无穷无尽。

在列举出各种阴影之前，我先得承认这令人相当沮丧。不过也有几点我们必须牢记。第一点是这些问题都是绝对正常且合乎逻辑的反应，毕竟我们成长于病态扭曲、未被善待的环境。它们并不意味着你有任何本质问题。以下是我们应该牢记的事实：

你没有缺陷无须修补。

你是完美绝妙的造物。

你只是受伤需要疗愈。

不过，我们还有许多问题需要处理。以下是其中比较有代表性的几个问题。

我们往往有认知问题，总以为自己疯了。

事实是这样的：孩子天生就对父母深信不疑。这是生物学乃至进化学给我们的默认设置。原因很简单，对父母所说的危险深信不疑、不去亲自验证一番的孩子比不相信父母的孩子活得更久一些，更能把他们的基因传递下去。如果父母的劝诫客观公正、完全出自善意、只是为了保护孩子，这个体系的效果会非常好。不过，如果父母满嘴谎言、只是为了保护他们的自我形象或自我意识时，这个体系便会瞬间崩塌。

结果你会得到两种自相矛盾的信息。第一类信息是你的所见所闻所感告诉你的真相，这就是自我认知的声音。第二类信息则是你母亲的声音，她会坚持告诉你，你的所见所闻所感的正确版本应该是什么样的。

我们可以想象，自恋狂会是多么言之凿凿，而我们天生就对父母深信不疑，因此自然会相信他们的版本，而不是我们自己的版本。这真让人头昏脑涨。

在一个我们连自己的认知都无法信任的世界里，绝无任何安全可言。如果连事实都看不清，我们该如何知道事实是什么？

我们只能得出一个结论——我们疯了。这样想完全合乎逻辑，毕竟所有的证据都摆在眼前，不是吗？

因此，在我们意识到母亲是自恋狂、一直谎话连篇后所收获的无数个礼物中，下面的这份礼物当属最豪华的大礼包，它厥功至伟，以至于构成了这本书的英文书名，它就是：

你没有发疯。

你神智健全，正常无比。

你的认知正确可靠。

你完全可以信任自己的事实版本。

不过，在理性上明白这个道理是一回事，但从内心深处相信它却是另外一回事。我们会在这本书的后面详细探讨程式化思维以及解决这类思维问题的方法。现在不妨先把疑虑和内疚感暂时“停驻”，要么也可以先翻到 132 页。

我们觉得自己天生有缺陷。

许多自恋狂母亲的女儿都有一个深埋于心底的念头，那就是我们天生有缺陷。我们认为自己扭曲病态、肮脏可耻、卑劣有毒，我们认为自己天生就是坏坯子。我们认为自己之所以这样坏，并不是因为做了坏事，而是天性使然。这带给我们巨大无比以致吞噬一切的羞耻感。

这一念头部分源于我们尝试解释为什么连我们的母亲都不爱我们，毕竟在一个孩子的逻辑世界里，母亲是完美无瑕的，如果她不爱我们，那肯定是我们而不是她有问题。

但如果深挖下去，我们往往会发现，这其实就是母亲或父母直接对我们说的话。他们或多或少地传达了这个意思！他们告诉我们，只有他们才了解我们，我们可不是什么小天使，他们知道我们是什么德行，只有他们才受得了我们。他们还暗示，所有的好友一旦发现了我们的真面目，必定会以光速逃离，对我们弃之如履。

这太让人迷惑了，因为从某种程度上来说，我们知道自己没那么坏。但不管怎样，我们还是习惯于相信他们的“真知灼见”，而不是我们自己的认知，因此我们只得稀里糊涂、不明不白地认为自己坏。这种坏因为不明不白，所以更显阴森恐怖。我们该如何纠正或解决某种我们甚至一无所知的问题？

我一直都在诚惶诚恐地努力寻找自己的缺陷到底在哪里——这种恐惧太浩瀚太强烈，我甚至不敢挺起胸膛面对或承认。多年以来，这种恐惧令我温顺沉默。我不知道我到底有多坏，隐而不发的威胁一直如影相随。在我心中，我称它为“可怕的照妖镜”。一旦看到这面镜子，我的坏便无处遁形，我便会知道自己到底有多扭曲多病态。因此，我不敢看这面镜子；我不敢让它现出我的种种丑形恶状。我唯恐哪一天这面镜子会把我打回原形，因此从小到大，甚至一直到中年，我始终都夹着尾巴做人。

现在我终于知道，这世上根本没有扭曲病态的我。真正的我只是有点正常的小毛病，但大体上还算一个正派体面、善良真诚的女人。事实上，我是一个再正常不过的平凡人类，渐渐地我意识到这是我称之为“看清自恋”所带来的另一份大礼包。

当然，并非只有我经历过这种有毒的情感勒索。许多自恋狂母亲的女儿也有过和我一样的痛苦。

凯特表示：“这太残忍了。从本质上来讲，这就是给小孩子洗脑，让他们相信自己天生不讨人喜欢，让他们惶惶不可终日，生怕有一天有人会看到他们的丑陋面目。因此，他们得一辈子戴着假面具，隐藏他们根本就没有的问题！小时候的我们只是孩子，在懵懂无知的情况下就被迫加入了他们虚伪矫饰的狂热阵营。”

由于洗脑的直接后果，我们最后会为自己所谓的丑陋面目而羞愧到无地自容，每天每时每刻都深陷于这种羞耻之中而无法自拔。这样的阴影始终跟随着我们，我们甚至意识不到它的存在，因为我们早已习惯，但我们生活中的点点滴滴、我们的所有体验无不受到它的荼毒。

我坚决认为，这种洗脑与母亲一再声称我们的视角有问题，害得我们以为自己神经有问题的谎言相结合，成为她们对我们犯下的最大罪恶。

丽莎说：“她们迫害我们的工具实在太恶毒了。我的自恋狂母亲总对我说，我能找到好友没什么了不起，因为我只向他们展示好的一面，但家人了解‘完完整整’的我。这些年，我一直觉得自己很分裂。一面是真正的我，自私刻薄、卑劣无耻、不懂感恩、暴躁易怒、以自我为中心，另一面是外人所熟知的我，也就是那个假装没有一切负面元素的我！这难道不可怕吗？我母亲为了进一步向我灌输她的观点，在我头上作威作福，她还对我说……‘我比你更了解你自己’。”

蜜莉恩也颇有同感：“这真是个病态的把戏和心理游戏，把孩子的自我感剥夺得一干二净。她们的潜台词是‘即便你认为自己是个好人，那也不算——因为我们知道你是个什么东西’。”

我们希望自己完美无瑕。

我们的自恋狂母亲向我们撒了一个弥天大谎，总之她或多或少表达了这个意思。她的弥天大谎是：如果足够努力，我们就能赢得她的爱与认可。我们得足够优秀、足够聪明、足够漂亮或拥有足够讨她欢心的任何神奇特性。换言之，如果我们至臻完美，她就能爱我们。

这就像她挂在我们眼前的一根胡萝卜，反正永远都够不着。

作为谎言的一部分，我们任何正常的弱点和缺陷都会被她视之为洪水猛兽，继而成为我们强烈耻辱感的来源；甚至因为有了这些不足，她也许会认为我们完全不配为人。也难怪我们难以接受自己身上一丝半点的瑕疵。

老实说，她从我们出生起就一直在撒这个弥天大谎，因此我们当然深信不疑。我们怎么会不相信？

不过有趣的是，我们渐渐进化为她的帮凶。我们也对自己撒同样的弥天大谎。

为什么？

因为放弃这一执念会让我们绝望无助，我们无法承受另一种可能性，连想都不敢想。

如果一直相信这个弥天大谎，似乎解决方案就在我们手中，这起码可以让我们看到希望。至少我们会认为我们的母女关系可以修复改善。只要我们再努力一点，再听话一点，就能找到那枚神奇的钥匙。无论要多久才能找到它，无论寻找它要耗费多少心血，无论是否要付出其他的我们目前尚未付出的代价，我们都要勇往直前，在所不惜。

可事实是，这个解决方案绝不在我们手中。我们根本不可能赢得母亲的爱与认可。保留爱与认可赋予了她无上的权力，因为这可以让我们紧紧依附于她，永远围着她转。她可以不断调整目标，确保我们永远都不可能足够完美或足够优秀。这是一场典型的零胜算游戏。只是我们不知道真相。

因此，我们继续深信，我们必须使出吃奶的劲，达到难以捉摸的完美，在未来的某个时刻，我们势必大获成功。这样一来，我们便会接下她手中的指挥棒，为自己不够完美、为自己生而为人、为自己犯下正常人的错误而狠揍自己。

有一个很好玩的练习，那就是倾听你的自我对话，虽然对我们来说，这还是有一点难。我们的内心一直都有挣扎和争吵，但如果不仔细聆听，我们不会意识到它的存在。我们得设法调到它的频道。你也许会惊恐地发现，你居然如此残暴地虐待自己。只是犯了一个小错误，你就会对自己咆哮：“噢，你怎么这么蠢！你总是干这样的蠢事！你什么时候能清醒一点？”

对策很简单，那就是听到这种责骂声时尝试对自己温和一点，就像你对自己的孩子一样。我儿子每次犯蠢，我们都会对他说：“这不是你最聪明的做法。”这是一种对事不对人的方法，既可以让他认识到自己的错误，又不至于产生羞耻感。等他长大后，如果发现自己犯了错误，他也会对自己说：“哎呀，这不是我最聪明的做法。”这种方法难道不比上面的责难更温和、更春风化雨吗？

因此，你也可以这样对自己说：“这不是我最聪明的做法。更聪明的做法应该是这样的……”

不妨给自己留点余地，接受自己的不完美。不够完美很正常；正因为你不够完美，所以你才是活生生的人。所以完全没问题！无论母亲怎么撒谎，无论她告诉你的版本有多不一样，这些真的都不是问题。也许你还是无法接受，还是要因为自己不能展翅翱翔而狠揍自己。

不过有一点是肯定的，你永远都无法赢得她的爱，她也永远不可能视你为完美成品。

你得知道，你无论怎样都不可能赢。其实你在内心深处早已了然，只是接受它太过痛苦，这也是可以理解的。你不必继续在这个有毒的仓鼠滚轮上不断奔跑，疲于奔命地奔跑，绞尽脑汁地获得她的认可，因为这注定只是徒劳。

你可以从滚轮上跳下来。随时随地，只要你愿意，便可以跳下来。

跳下来的代价是放弃希望，不再认为你们的母女关系可以修复。

你收获的是自由，为自己而活的能量，以及平静。

（181页的EFT心语有助于解决这一问题，效果非常神奇。）

当然，学会接受自己的不完美需要时间。即便把这份身为自恋狂之女或拥有自恋狂母亲所带来的后果列表全部读完，你可能还是无法接受自己的瑕疵，你甚至会为自己有这些问题而感到羞耻，越发地容不下自己。

不要这样！

真的，千万不要这样。这些执念可能还是会悄然袭来，不过还是那句话，不妨暂时让它们“停驻”。你可以忍不住想起这些执念，但至少可以不买它们的账。

我们可能有如玻璃窗外的飞鸟。

你知道吗？有一句名言是这样定义疯狂的：反复做同样的事，但总是期待不一样的结果。

这就是我们这些自恋狂之女对我们的母亲所做的事。我们不断逢迎讨好，满心希望这一次能不一样。这一次她能成为我们理想中的母亲。这一次她能在我们难过时施以援手，在我们成功时欢呼喝彩。这一次她能心无旁骛地陪伴我们。这一次她能接受我们的本来面目，能毫无保留地爱我们。

可她绝不会。

每次想到这种我已重复了多年的模式，我就不禁想起一只渴望飞入玻璃窗的鸟，它一次又一次地往玻璃窗上撞，直至头破血流。

这令我心碎。我为自己，也为我们所有人心碎。

我深谙这种模式，我原谅自己的愚蠢，正如我希望你们也能原谅自己一样。

我们觉得自己无力对抗她。

自恋狂母亲的女儿在应对自恋狂母亲时，往往会陷入一种习得性无助。这是可以理解的，毕竟自我们年幼时，我们就一直无力保护自己。但现在不一样了。

你比你想象的更强大。她们其实拿你一点办法也没有，真的。她们的自恋式暴怒只是乳臭小儿使小性子罢了，不必太放在心上。她们的自恋式狂怒也只是生闷气而已。

因此，她们真的没多大威力。

话虽如此，有的自恋狂还是挺诡计多端的。据说，有的自恋狂母亲为了泄愤，会向社会公益机构举报女儿虐待外孙，这只是其中一个例子。即便如此，她们报假案的行径很快就会被人发现，自恋狂的威力自然会荡然无存。

所以，我们要客观地看待她的破坏力。如果她要报复，尽可能地做好准备。不过绝不要认为她有天大的能耐。

我们通常有自尊问题。

虽然事无绝对，但大多数自恋狂母亲的女儿都有低自尊的问题。还是那句话，这没什么好奇怪的。如果从出生起就有人告诉你，你一点也不重要，你的欲求甚至需求通通无足轻重，那你当然不会珍视自己。

除此之外，还有一些其他因素也会引发你的低自尊。如果母亲不管你的生理状况或个人卫生，你会觉得自己有几斤几两？如果她从不理会你，你又会作何感想？

如果她是那种吞噬型母亲，在某种程度上，你会渐渐觉得自己甚至不是一个真实存在的独立个体。

她有成千上万种方法，她可以成千上万次告诉你、引导你并向你证明，你一点也不重要，没有任何价值。然后，你深信不疑。再然后，你会带着这种自我认知进入成年。

我们很难知道自己是谁。

如果从小到大，自恋狂母亲一直在根据自己的臆想告诉你，你是什么样的人，你便很难知道自己到底是谁。也许你连自己的一些最基本的特性——例如喜欢什么样的美食、衣服和颜色——都弄不清楚。

雪莉有一个绝妙的点子："我有一件心爱的小玩意，是一本名为《关于我的一切》的手账。作用就是它的字面意思，有这样一本手账似乎有几分傻气，但我发现它真的能帮我了解自己。我写下我喜欢的美食，写下像这样的规则——'多买一块香皂总还是可以的'（出于某些原因，在所有的家居用品中，我总是舍不得买香皂。我觉得在浴室洗脸台上多放一块香皂是一种'奢侈'……这的确很古怪，我知道）。学着了解自己后，我又多加了几条注释，例如开一整天车的时候我需要多喝水，不然第二天会头痛欲裂。我想这些都只是最基本的描述，但之前我从未注意过。关注这些特征可以帮助我了解自己，并逐渐引导我发现其他的更多特征。"

我们缺乏自信。

所有自恋狂母亲的女儿都有这个问题。我得承认我是其中的幸运儿，因为我的自信多到爆满；我也不知道为什么。但许多自恋狂母亲的女儿就没这么幸运了。她们在社交、工作等各类环境中都得苦苦挣扎。我想这是因为她们总被母亲评判指责，继而对评判指责产生了恐惧之情。

我们很难有主见。

这是缺乏自信带来的一个必然结果，当然也是自恋狂母亲之女的一大问题。这是可想而知的——在母亲面前我们试过有自己的主见，但总被谎言、煤气灯操控术、语言暴力甚至身体暴力以及羞辱嘲讽所击倒。因此长大后，我们变得唯唯诺诺。出于同样的原因，我们畏畏缩缩，不敢与人对抗，这使我们承受了许多本不该承受的恶劣对待。

我们有一大特点，那就是很难对别人的要求说“不”。你很可能从小时候起，就一直被剥夺了说“不”的权利。因此，等到你长大成人也不敢说一个“不”字。这还是需要练习。这里有一个过渡的方法也许值得一试，那就是练习说“让我先考虑一下再答复你”。这样的话没有人会觉得有问题，而且你也因此有了考虑的时间。如果你实在不想帮别人的忙，可以直接告诉对方：“我考虑了你的要求，但实在爱莫能助。真对不起。”通情达理的人肯定不会介意。

你不必解释自己不能帮忙的理由，有时不解释反而更好。

这并不是故意无视，而是一种不再迫切为自己辩解的练习。你不需要他人同意或理解你为什么不能帮忙。当然在现实生活中，对于通情达理的人而言，解释是一种礼节。但你得知道你没有解释的义务。

顺便说一下，你也可以改变主意。比如像这样说："记得我说过会帮忙的吗？呃，真抱歉，但我刚刚发现这个忙我还是帮不了，对不起。"

如果要拒绝别人，最好还是在答应之前说清楚，因为你不希望让别人失望。不过如果你有被人操控或施压之感，或者你只是觉得超出了自己的能力范围，那随时改变主意也是完全没有问题的。

我们最后往往陷入糟糕的亲密关系。

许多自恋狂母亲的女儿最后都会有自恋狂式的伴侣和朋友。再说一遍，如果你多琢磨一下，就会发现这种结果并不意外。结局早已写下，这本是求仁得仁的结果。自恋狂会情不自禁地被我们吸引，因为他们知道我们是天生的受气包。

我们最终会与自恋狂（有时是其他类型的虐待狂）建立关系还有另外一个原因，我在前面说过，自恋狂母亲看见我们和像样的男人在一起会心生恨意。她们不希望我们得到支持、鼓励、关爱、呵护等美好事物。她们希望我们孤立无助，软弱可欺。综上所述，自恋狂母亲可能会蓄意破坏健康和谐的亲密关系，怂恿我们接受病态有毒的男人，这样的例子已经有无数个。

好消息是只要你意识到这一点，就能设法应对，可坏消息是你需要做出许多改变。我在后面会加以详述。

我们很难信任他人。

显而易见，自恋狂母亲的女儿很难信任他人，尤其是其他女性。缺乏信任往往是我们的一种合理倾向，原因同上。最后会将我们引入歧途，使我们和有自恋情结或同样病态有毒的朋友或其他人建立关系。

我们很难表达情绪。

母亲很早就教导我们，表达情绪是不被允许的。我们不能表达愤怒或痛苦等“坏”情绪，如果母亲是引发愤怒或痛苦的源头则更是如此。如果我们的坏情绪与她无关，例如膝盖蹭破了皮、男朋友人间蒸发，她很可能也不希望我们去叨扰她。只有一种例外，那就是她想看我们的惨状开心一下。不过在这种情况下，我们是极不情愿表达坏情绪的，因为我们深知她不会给予正向的回应。

另外，自恋狂母亲也不允许我们表达快乐的情绪。也许快乐会让她感觉受威胁，也许她痛恨我们从别处——而不是通过她——得到快乐，天知道……不过许多自恋狂母亲的女儿都表示，如果我们表达喜悦或快乐，我们的母亲就觉得有义务设法从女儿的脸上抹去笑容。

我们往往有成瘾问题。

许多自恋狂母亲的女儿都有成瘾问题。再说一遍，考虑到我们成长于扭曲不堪的环境，尤其是多年来一直压抑自己的所有情绪，有这种问题也是合情合理的。

被压抑的情绪总要找到一个出口，因此我们向各种各样的瘾寻求帮助。众所周知，人们提起成瘾症都深恶痛绝，但它却具有化腐朽为神奇的力量。它能使不能承受的变得可承受。它是我们生死关头的救命稻草。每一个问题曾经都是一个解决方案，这一理论绝对适用于成瘾症。

成瘾症的问题在于它的代价太过昂贵，因而无法成为长期可持续的解决方案。我们必须找到一个更好的办法来解决所有的情绪问题，幸运的是，我在后文 172 页会详细介绍理想的解决方案。

我们容易自轻自残。

自恋狂母亲的女儿可能容易自轻自残，而且是主动为之，这一点也在情理之中。

自残是帮助女儿们借助源源不断的痛感找到真实感的一种途径。它亦是释放压力的一种途径。

至于自轻，我们中间有许多人（尤其是忽略型母亲的女儿）从未学会照顾自己。相反，我们学会了自轻自贱，认为自己不值得被照顾。因此，我们成年后便很难照顾好自己。起码这是我的一大问题。当然，我还是会给予自己一些最起码的照顾，但实在太累了，几乎每一次我都得和自己的自毁倾向苦苦斗争，真是心力交瘁（我已列出了相应的 EFT 法，具体如 176 页的心语所示）。

我们的思维与感受脱节。

我的意思是，我们总是不知道自己对某个特定的境况应该有何感受，有时甚至不知道自己应该有何想法。我们被训练得太过温顺，早已习惯否定自己的认知，以至于我们不得不费一番功夫，才能弄明白周遭的境况。别人不假思索做的事，我们得有意识地努力去做，就像掌握任何一种新技能一样，我们得全神贯注、劳心劳力地去做。说老实话，这真让人精疲力竭。我发现即使是现在，我的反应也比别人慢半拍。当身边发生状况时，我当时根本感觉不到不对劲，之后回味才意识到，“打住打住，他或她说这话真的有问题”。不过我起码事后还能回过神来，总好过一辈子灯下黑。不过，我还是希望自己当时就能意识到。

詹妮弗说：“纵观这一生我才意识到，由于自恋狂母亲的苛刻，我的感受和思维之间出现了脱节。怪不得别人欺负了我，我都不知道；我找不到自己的感受。现在我在做一些疗愈的功课，学习将情绪与大脑重新联结，相当于将童年时头脑和身体之间断开的线重新再接上。这就像使用之前从未使用过的肌肉，我们使用得越多，肌肉就会越发达。”

我们很难索取自己的利益。

毫无疑问，你的自恋狂母亲总认为满足她的需求是头等大事，这一点我们已在前面探讨过。她亦会告诉你，你不应满足自己的需求或尊重自己的欲求，这有自私之嫌。

我们应该牢记一点：自私是索取不属于自己的东西。可有时有些东西本来就是你的，索取无可厚非，而且这是你应该行使的权利。这一点至关重要，我得再说一遍以示强调：

有时有些东西本来就是你的，索取无可厚非，而且这是你应该行使的权利。

你的婚礼属于你和你的爱人，不属于你母亲。你的大学毕业典礼属于你。你怀孕的喜悦属于你。你的宝宝出生了，这时你和宝宝的需求及愿望才是头等大事。

索取本来就属于你的东西不叫自私，不要理会母亲的说辞。

我们最终可能会过于进取或不思进取。

许多自恋狂母亲的女儿要么过于进取，要么不思进取。前者永远都不会坐下来喘口气，后者则永远无法发挥出潜力。

过于进取者为了收获足够多的自信，为了证明自己，为了最终攫取足够多的认可，不惜无休无止、夜以继日地拼搏奋斗。她们至少会在事业上取得一番成就，但可能会付出高昂的个人成本——她们对自己永远不会满意，因此也永远不会有喘息的机会。

不思进取者可能陷入从财务危机到财务灾难的一系列困

境。自轻自贱就是其中的一个表征，这是因为不思进取者认为自己不配拥有足够多的美好。这一点很容易理解，身为自恋狂母亲的女儿，你可能从小就被母亲告知，你不配拥有关爱、同情、认可、幸福甚至善意；母亲可能还会舍不得给我们物质上的东西。可想而知，我们长大后很容易认为自己不配拥有生活中的美好事物。

孤独可能是一大问题。

即使你和家人保持联系，孤独感仍然会挥之不去。真正的你从未与他们建立连接，因为他们不想了解真正的你。你不敢在他们面前卸下面具，你知道这样风险太大。

此外，我们也很难与家庭之外的人建立连接，原因几乎有无数个。缺乏自信是其中之一，社交焦虑症是其二，缺乏良好的社交技能可能是其三。

这是一种生而为人的终极版的孤独，听起来不是那么令人向往吧。我们在任何地方都找不到归属感。毕竟，如果连家都不能给我们归属感，那我们能属于哪里呢？

我们可能有社交焦虑症。

许多自恋狂母亲的女儿都有社交焦虑症。我们在这个世界、这个社会以及我们的文化中都找不到归属感。我们不知道在别人面前应该如何说话行事。我们太吵闹？太安静？还是话太多？或者话还不够多？我们永远后知后觉。此外，在内心深处，我们所有人都背负着沉重的羞耻感，我们因自己所谓的不堪、因自己貌似天生有缺陷而痛恨自己；我们也许会觉得别人不可能喜欢我们。不幸的是，这种想法往往会变成自证预言，别人对我们的评价真的好不到哪里去。这并不是因为我们不够好，虽然我们可能会这么以为——究其原因在于人们会下意识地盯着我们的窘迫或不安，从而不自觉地予以回应。

我们很难接受赞美。

自恋狂母亲的女儿可能很难接受赞美，再说一次，这也是可想而知的。在我们看来，接受赞美实在太过怪异，太过别扭。摆脱这种状况的秘诀在于练习，你只需说“谢谢，我很开心你这么说”，仅此而已。你无须点评赞美的准确性。对于赞美者来说，接受赞美是起码的礼节，而不是把赞美当场扔回到他们脸上。

我们有抑郁倾向。

我们的论坛开展了一项显然未经科学验证的调查，结果表明，自恋狂母亲的女儿患有慢性抑郁症的比例高达 90%。这没什么好奇怪的。我们不被允许表达我们的情绪，尤其是愤怒，这些情绪自然要向内发酵，因此就有了抑郁症。

我们过去可能有自杀念头甚至自杀未遂。

许多自恋狂母亲的女儿都得和自杀倾向以及 / 或自杀念头

苦苦搏斗，如果其中真正付诸行动的人比例比较高，我一点也不会惊奇。从我们论坛的讨论来看，我发现我们中间许多人——包括我——都有自杀未遂史；我们只是比较幸运，没有既遂而已。还是那句话，有自杀念头也完全合情合理，这是自觉卑劣可耻、扭曲病态的必然结果。而且，患上抑郁症也是符合逻辑的结果。

04

与自己和解：情绪过山车

好了，读到这里，你可能会五味杂陈、百感交集吧。释然很可能要在其中占到很大的比例。认识到自恋人格障碍之后，很多问题你也许都想明白了。它解释了一切。你并不疯狂！你觉得不对劲是正常的。你的认知是正确合理的。你并不是母亲所说的那种有缺陷的人。

而且，身为自恋狂母亲的女儿，你的痛苦、你的消极行为模式以及自毁倾向都是可以理解的。

意识到这一点之后，你很可能会欢欣鼓舞，甚至欣喜若狂。这是一种快慰，有如肩上承受的整个世界的重量终于卸下了；你喜获自由，不必再背负着背了一辈子却不自知的千钧重担。

好好享受这种感觉吧。这是你应得的。你走过了一段漫长艰险、布满荆棘的坎途，好不容易才走到这里。

现在你知道了真相，这个真相会真正地让你品尝到自由的快乐。

不过，正如女权先锋格洛丽亚·斯泰纳姆所说的那样："真相在将我们领向自由之前，会先给我们当头一棒。"

在享受欣喜之余，你的内心也会涌上其他无数种情绪，这相当于跳上了一辆货真价实的情绪过山车。我在下面会列出你可能体验到的情绪。这份列表并非详尽无遗，其中排列的情绪亦无先后之分。

你可能会体验到排山倒海的凄凉之感。一旦意识到你母亲有自恋人格障碍及其蕴含的意义，你就得彻底死心，接受她永远不可能爱你的事实。当然，接受这样的事实难免会有锥心之痛，毕竟我们从小习惯于渴求母亲的爱。事实上，到目前为止，你的整个人生的主题可能就是想方设法地赢得她的爱。因此，接受她永远不可能爱你的狰狞事实可能会让你痛彻心扉，倍感凄凉。不过，本书在“如何疗愈你的创伤”这一章专门为你准备了药方，就在 143 页。

你可能会体验的另一种情绪是悲伤。这种悲伤强烈得难以承受，仿佛母亲已黯然离世。虽然这只是一种比喻，但她真真切切地死亡了。或者至少是你对她的所感所知、你脑海中她的影像、你心目中她的形象，确凿无疑地死亡了。怪不得你会如丧考妣。

毫无疑问，这是一种丧亲之痛。你刚刚失去了母亲。呃，更准确地说，你从未拥有过她，只是现在才恍然大悟并痛苦接受。因此在这个时候，丧亲之痛便会汹涌而来。这种痛苦的惨烈程度绝不亚于别的女儿痛失慈母的心情。不要否定或低估这种痛苦，真的。你很可能需要一段时间来哀悼，就像痛失亲人一样。

不过话说回来，这种情况比丧亲还糟糕。它是最凄凉的一种丧亲之痛，因为见不得人。你必须偷偷摸摸地哀悼。正常的女儿痛失慈母，她所有的家人以及亲戚朋友都会集结在她周围，给予她各种支持。她供职的公司会给她丧假，回到工作岗位后如果她反应慢，偶尔暗自垂泪一番别人也能理解。她的朋友亦能理解她的痛苦，自然也会设法帮助她。

而你就享受不到所有的这些便利了。你没法告诉绝大多数的人你刚刚失去了母亲，他们不会理解，更不会支持你。更糟糕的是，他们很可能会真心反感你，甚至出言不逊噎死你。

181 页的 EFT 心语也许可以帮助你应对这种丧亲之痛。

我们下面来谈谈乘坐过山车的下一个阶段：内疚感可能会突然冒出来。你怎么能以如此恶毒的心思揣测母亲？那可是生你养你的母亲！你真是个卑劣无耻、毫无感恩之心的小人。

作为内疚的一部分，你的思维可能会开始捉弄你。无论你第一次听到自恋人格障碍是如何恍然大悟，事后也许还是会指责自己。你会提醒自己，母亲曾经有多么疼爱你，对你是多么呵护有加。你也许还会将她犯下的大恶化小，小恶化无。然后对自己说，她也没那么坏。

呃，是时候谈一谈斯德哥尔摩综合征了。

本质上而言，斯德哥尔摩综合征是受虐者对施虐者产生情感依恋的一种病，我们也可将它称为“创伤羁绊”（Trauma Bonding）。

这种病最初被发现于 1973 年的斯德哥尔摩（这种病亦得名于此）。当时，几位被绑匪绑为人质的银行职员对绑匪产生了深深的依恋之情，甚至还用身体护住绑匪，不让警察来逮捕他们，并且在法庭上拒绝做出不利于绑匪的陈词。

自此之后，这种病反复出现在人们的视野之中，例如伊丽莎白·斯马特绑架案、娜塔莎·卡姆普什绑架案以及杰西·李·杜格德绑架案，她们明明有机会逃离魔爪，但都没有付诸行动。

有趣的是，经历过低级别慢性虐待的受害者似乎也有斯德哥尔摩综合征。

斯德哥尔摩综合征是一种生存之道，其实也比较好理解。如果我们的生命受到威胁，小命被施虐者牢牢攥在手里，那我们也会有极大的动力和施虐者建立某种羁绊之情。

好了，要想患上斯德哥尔摩综合征，必须具备四个条件，缺一不可。它们分别是：

· 受害者必须认为他们真正命悬一线。

· 受害者必须与外界切断一切联系，只听施虐者的话——即施虐者是他们接收信息的唯一来源。

· 受害者必须真正地无法逃脱，或者认为自己无法逃脱。

· 施虐者必须偶尔施以小恩小惠。

现在，你觉得这四个条件是不是比较符合自恋狂母亲之女的情况？

毫无疑问，第一条非常符合。在婴幼儿时期，我们的小命当然掌握在母亲手中。如果母亲让我们没有安全感，我们会从呱呱坠地起就觉得自己的生命受到了威胁。当然，年幼时的我们尚无法准确表达，所以这里指的是一种发自内心最深处、最原始的情绪。

至于第二个条件，我们就得好好谈谈煤气灯操控术了。我们的母亲无法真正将我们与其他人隔离开来（虽然许多母亲也想这样，而且许多自恋狂母亲的女儿在成长过程中确实与外界隔离），但她们可以在心理上施以煤气灯操控术，使我们在某种程度上无法听到内心的声音，从而确保她们的声音才是我们接收信息的唯一来源。

第三个条件当然显而易见。孩子的的确确无法逃离家庭。更要命的是，这种虐待方式可能极为微妙（母亲会告诉我们一切都是我们的错，诸如此类），因此我们甚至意识不到我们有必要逃离！我们在生理上（对于婴幼儿）和情感上（对于婴幼儿和成人）都深陷囹圄，无法逃出生天。

最后是第四个条件——偶尔的小恩小惠。1981 年，达顿和潘特合著了一篇关于创伤羁绊的论文——《虐待关系中的情感依附：创伤羁绊理论研究》。他们发现，虐待必须包括间歇性的恩惠，而且施虐者似乎鬼使神差地熟知这种模式，他们偶尔会施舍一点正强化[①]或恩惠（想想这个例子吧：奥地利兽父约瑟夫·弗雷茨把女儿禁锢在地窖发泄兽欲期间，甚至也会用圣

① Positive Reinforcement，心理学术语，又称“积极强化”，指的是用某种有吸引力的结果对某一行为进行奖励和肯定，以期在类似条件下重复出现这一行为。

诞树和其他的季节性小礼物来收买女儿）。

是的，你很可能会内疚，而且是排山倒海的内疚，你觉得自己不该像这样背叛母亲，不该以最大的恶意揣测她。但请记住一点：你的内疚是真实的，但并不客观。

你可以看出两者的区别吗？

当你感觉内疚时，这种内疚感真切无比。此时无须否认或无视，否则无异于否定自己或给自己施以煤气灯大法。是的，内疚的确存在，但它并不一定站得住脚。内疚是我们犯错之后的一种情绪，承认客观事实可绝非犯错。

现在可不要被偶尔的小恩小惠给蒙骗。健康的关系大多数时候都是美好的。事实上，我可以说得更详细一点。虽然情感健康的正常人偶尔会愤怒暴躁、不为别人着想或自私自利等（我们所有人都有这些弱点），但他们绝不会以讥讽为乐、恶毒卑劣、轻蔑倨傲或冷酷无情。

即使他们会这样，也只是偶尔为之，总之不是经常性的行为。之后他们亦会真诚道歉，真心实意采取相应措施，确保自己以后不会再犯糊涂。

言归正传，我们来谈谈情绪过山车上的下一种情绪。

它可能是悲哀。深入骨髓、无孔不入的悲哀。你为那个曾经是天真女孩、烂漫少女、对母亲的谎言深信不疑、浪费无数光阴讨好母亲、满心希望自己能足够优秀从而博得母亲眷顾的自己悲伤得无以复加。

毫无疑问，随之而来的还有愤怒甚至暴怒。你也许还会气得发抖。她怎么敢这样对你？她怎么敢虐待你？（不要怀疑，她的行为就是虐待。）

愤怒的感觉也许很不好受。再说一遍，这没什么好奇怪的。在这之前，母亲很可能一直不允许你表达甚至感受愤怒，因此这种愤怒的感觉会让你如临大敌，也就是我说的，浑身觉得不自在。

除了愤怒之外，你也许还会活灵活现地想象或幻想自己对母亲施暴复仇的画面，你可能还会惊讶于自己的施暴幻想怎么能如此纤毫毕现、暴力血腥。

再说一遍，有这种幻想也无可厚非——许多自恋狂母亲的女儿都会这样。无论你的自恋狂母亲如何给你洗脑，你现在的所有感受都是合情合理的。对我而言，这些幻想是深埋已久的愤怒喷薄而出的结果。它势不可当——长久以来，你一直对母亲诚惶诚恐，现在该让你的潜意识发挥潜力了。

当然，真正对母亲施暴无论是在法律上还是道义上都是完全错误的。

不过幻想一下无伤大雅，这似乎是我们必然要经历的一个阶段，之后恨意会慢慢淡化。EFT 法可以帮助我们慢慢消解仇恨。

你可能会因为自己有暴力幻想而产生更多内疚。不过，这种内疚和最初的内疚一样正常，不妨允许自己内疚，无须否认，只是不要买它的账。

呃，接下来的情绪可能是对未来的恐惧——你们的母女关系走到了这一步，现在该怎么办？你们该如何相处？我在79页开始的那一章会详细介绍你们母女今后的相处之道。

下面该谈谈情绪过山车上的下一种情绪——这个时候也许会突然冒头的“希望”。

也许你刚才想的这一切都大错特错！

也许你只要再努力一点点，你们母女之间的问题就能迎刃而解，你会赢得她的爱，与她共享母慈女孝的幸福生活。当然，这又回到了那个弥天大谎。这个谎言已深植于你内心，当然会不时跳出来捣乱。

这样的想法很诱人，真的，足以勾魂夺魄。人天生喜欢认为自己能修补问题。接受某个问题无法修补，无异于接受你无能为力，只能一筹莫展。我在此有必要重复强调：遇上了有自恋人格障碍的人，你真的什么也做不了，只能干瞪眼。虽然接受这个现实很难，可一旦接受后，你的内心会迎来平静。

或者，你也有可能这么想：也许你可以向母亲解释自恋人格障碍，然后她会突然醒悟，终于明白自己这些年有多离谱，再然后你们就可以建立健康和谐、其乐融融的母女关系。79页开始的那一章将讲述你了解了自恋人格障碍后该如何与母亲相处，不过现在我还是建议你在通读完本书其他内容后再读那一章。请暂时将希望“停驻”。（我知道，我知道，你的停车场到了这个时候已经爆满了！）

绝望是过山车上的另一种情绪。经历了所有的这些打击之后，你该如何治疗恢复？你该如何夺回自己本应拥有的与生俱来的所有权利，例如自尊和自信？我们在后面会详细探讨这个问题。

不过还有另一种希望。也许你能康复！现在你已知道，之前的许多思维并非客观事实……它们只是暂时跳出来捣乱，不是吗？本书后面也会详细探讨这些问题。

你可能需要一段时间恢复。

大家还应记住一点，那就是“看清自恋”会裹挟着一股势不可当的力量。它排山倒海，摧枯拉朽。不要低估它的烈度。听了一辈子谎言的你一旦认清真相，你会发现自己开始以全新的眼光看待一切。记忆犹如细密的泡沫一般涌入脑海，你会带着全新的意识审视它们。如梦初醒的你沉浸于排山倒海的知觉风暴之中，此时的你可能会这么说：“原来是这样啊！现在一切的谜底都揭开了。她有自恋人格障碍，怪不得我流产了她会兴奋 / 我得奖了她会整天绷着脸 / 她总跟我的新男友过不去！”

这是一种美妙的体验，因为现在你可以看清生活的本来面目，她的自恋滤镜在你身上再也不起作用。

但美妙的同时你也会精疲力竭，这个恢复的过程似乎长得无穷无尽。有时，过去的记忆还会跳出来纠缠，强迫你反悔，这样的折腾似乎让人心力交瘁。

好消息是它总会结束。也许你觉得它无穷无尽，但事实并非如此。你只需暂时忍耐一段时间即可。随着时间的流逝，记忆的威力会渐渐消退。

但恢复养伤、与过去的一切和解仍然是一个浩大的工程。不要低估这个过程。你得给自己时间和空间好好处理。我记得我仅仅是接受这一切，就花了大约三个月的时间。这是一场足以改变人生的休克。是的，你的人生固然会变得更好，但你先得经受休克。

因此，要想应对这场休克，我有如下建议：

深呼吸，我指的是字面意思。每次只要觉得自己被残酷的真相所压垮或感觉不堪重负，不妨有意识地至少深呼吸十次。有压力的时候，我们会从胸腔呼吸。这时应反其道而行之，即从胸腔与腹腔之间的膈肌呼吸，这可以让我们迅速平静下来。

也可以试试 EFT。请参见 159 页的详细信息。

要知道，这一切都会过去。它只是一个过程，不是一种常态。你不会永远生活在混乱与困惑之中，这不是你的命数。

接受困惑。不要抗拒。你现在处理的是天大的事。你在扭转自己的心态或三观，设法以全新的视角看待人生和自己。这本身就是一项巨大的工程，当然会在你的内心掀起惊涛骇浪。因此，不要抗拒。

如有可能，处理这场休克的时候（大概需要三个月的时间），不要做其他任何足以改变人生的大事。如能避免搬家、换工作等大事，那就尽量避免；这个时候你不需要更多的压力。

接受所有的情绪，不要因为自己有这些情绪而指责自己。它们都是正常情绪，只管接受就好（你也可以借此机会好好练习如何更改母亲给你定的规则。她曾告诉你什么样的情绪应该有，什么样的情绪不应该有。现在，你可以允许自己感受任何情绪）。如有可能，尝试观察你的情绪——不要让它们太过强烈。你可以观察并接受它们，但不要让自己被吞噬。掌握这种方法需要练习，但非常值得一试。

如果你有爱人，不妨请他或她支持你渡过难关。他们不需要理解你内心的壮阔波澜，事实上他们很可能也理解不了；他们只需接受并支持你即可。这一规则也同样适用于你已成年的孩子。如果你的孩子尚未成年，那就不要让他们背负这种精神重担，在他们面前尽量表现出自己勇敢的一面就好。

善待自己，给自己一点优待，例如惬意漫步、洗热水澡、花一两小时看小说等。你也许觉得善待自己很难，甚至觉得浑身别扭，如果这会引发更多压力，那就不要勉强。不过，只要有可能，这个时候还是应该尽量滋养宠溺自己。

认可自己，为自己鼓掌，甚至赞美自己的勇气。你直面的可是绝大多数自恋狂的子女一辈子都不敢承认的事实，即你母亲虐待你。你应该为自己感到骄傲。

乘坐这辆过山车时，你必须处理一个极其关键的问题——现在你们的母女关系该何去何从？这正好是我们下一节的主题。

05

你们今后的母女关系

现在你已知道所有的真相，也许会忍不住想告诉母亲，你觉得她有自恋情结。你之所以有这种冲动，潜在原因有二。

第一个原因是你想和母亲对峙，打她一个措手不及，有这种真切的想法或冲动是可以理解的。你恨不得对她说："哈，你总说我有问题，可我一点问题都没有。一直有问题的人是你！"

第二个原因可能是你或多或少地希望，只要你一字一顿、简单明了地向她解释自恋人格障碍，她最后肯定大彻大悟！她会意识到你们母女关系的问题出在哪里，然后会努力改变弥补，最后你们会有一个大团圆的美好结局。

呃，你想多了。

我在前面已经说过，自恋狂的最大问题在于她们认为自己完美无瑕，她们必须相信自己完美无瑕，她们甚至从未想过自己无论怎样也不可能无懈可击。

鉴于此，她肯定不会听你说什么她有人格障碍。有趣的是，一些自恋狂母亲能够一眼就看出身边的人（例如其他家庭成员）有自恋人格障碍，但她们绝对看不出自己身上有这种问题。

事实上，只要你胆敢暗示她不够完美，她就会产生被攻击、被威胁乃至被包围的压抑之感。这是可以理解的——如果她们的整个存在取决于她们的完美无瑕，那你暗示她们不完美，当然无异于一种攻击。

我这样解释吧。你的整个存在、整个生命取决于你能获得足够的氧气，对不对？所以，如果有人不让你呼吸氧气，你肯定会有被攻击、被威胁乃至被包围的压抑之感，是吧？

而且，你肯定会不惜一切代价消除这种威胁，重新获得必要的氧气。这会成为你的终极目标，在重获氧气之前，其他的任何一切通通都不重要。

你不会在乎自己采取何种手段，只要能在肺里重新注入氧气，付诸暴力也在所不惜。你的小命已危在旦夕，其他的一切都顾不上了。

这个类比恰如其分地展现了你胆敢向自恋狂表示她不够完美时她的内心活动。我知道，我们很难接受这一事实，但对她而言，她所谓的完美事关生死，就如同氧气之于我们一样。

因此，我的答案是，不要将你刚刚发现的自恋人格障碍告诉她。

呃，如果你还是想，那我也不拦你！我并无对你指手画脚的权利，这本书的主旨是为你赋权，如果我对你指手画脚，当然就违背了赋权的主旨。不过你得知道，告诉她没有任何好处，届时你会遭受她的煤气灯操控法，还有矢口否认以及自恋式暴怒。

那么，你该怎么办?

那么，知道了真相之后，下一步你该怎么做？这里有两个步骤，缺一不可。第一是从谎言、心理障碍以及虐待中恢复过来。我会在从 143 页开始的那一章探讨具体方法。

第二是，现在你该如何与母亲相处？

你有三个选项：

- 还是一切照旧，但由于你有了全新的知觉，你可以保护好自己。
- 开始实施一种名为“低联系”的方法，即降低联系频率。
- 完全与她断绝联系，这种方法称之为“零联系”。

我马上会详细介绍这三个选项，不过在此之前，可以先谈谈另一个姑且算选项的方法，许多自恋狂母亲的女儿都会采取这个方法。那就是建议自恋狂母亲，母女两人可以一起去看心理医生。你的母亲甚至可能会表示同意，不过她的目的是搞定你，让你重新做她的乖女儿。如果你要采取这个方法，请务必按 155 页的信息选择心理医生。我并不认为做心理咨询可以让你们的母女关系健康和谐起来，但还是值得一试，起码你可以问心无愧，毕竟为了修复母女关系你已尽过全力。

阅读这些选项时，请记住一点，它们并无优劣之分，关键在于对你是否合适。我并不提倡任何一个特定的选项，也不会引导你做出某个特定的决策。我只是摆出这些项目，至于如何选择完全取决于你。

好了，第一个选择是依然采取以前的相处模式，你看望母亲的频率和以前一样，唯一的区别是你有全新的知觉保护自己。现在，你知道了自恋人格障碍，可以尝试不把她的自恋把戏当回事。因为从本质上来说，它们本来就与你无关。我们已知道，对于自恋狂而言，她才是宇宙的中心，你其实什么也不是。所以，她的小把戏、她的暴怒和不快都与你无关。记住这一点，把它收为己用，而不是像以前那样视其为仇敌。下面是几条如何操作的建议：

我有一条秘诀，那就是假装你是研究怪异文化的科学家或人类学家，她玩自恋的小把戏时，你可以不带任何感情色彩、冷静客观地仔细观察。你甚至可以预测她的行为，从中找到些许的娱乐性。你可以大玩基于心理的自恋宾果游戏①：

自恋式暴怒	自恋式狂怒	自恋式狂喜	碾压你的故事
自卖自夸	竭力说服你	施展煤气灯操控法	徇私偏袒
扮演受害者	引发戏剧场面	惺惺作态地对他人的悲剧表示同情	虚假道歉
哭闹不止	贬损压制对方	摆出殉道者的姿态：“不要担心我。”	推卸责任

① Bingo，英文的意思是“猜中了”。它是一种赌钱或有奖游戏，玩家持有一张数字牌，如果牌上的数字和庄家开叫的号码对上，玩家便胜出。

或者你可以假装你和母亲都在演戏，她扮演自恋狂母亲，（哎呀，我的天，她扮演这个角色毫无表演痕迹，真是人戏合一……）你扮演不厌其烦的女儿，不过你可以跳脱出角色，不必受到她的影响，偶尔还能笑场以自娱。你甚至可以给她抛下诱饵：“噢，妈妈，你烤的蛋糕太好吃了！”然后欣赏她因自恋式狂喜而颤抖的喜剧场面。

你可以选择不留后患。换言之，不要将你的烦恼和忧虑与她分享——她只会以此为养料，从中吸取养分，绝不会给你任何支持。同样，也不要把你的成功喜悦与她分享，因为她会在你面前把你的成功贬得一文不值，然后又在熟人面前厚着脸皮吹嘘炫耀。你的庆祝活动也无须和她分享，省得她会过来扫了大家的兴。

我认为这种选项是一种谈天气的母女关系。换言之，你们只能谈论天气和其他无关紧要的话题。要么就谈论她，或让她大谈她自己。在我将我们的母女关系定位为“天气之交”之后，我母亲很少会问我的近况。只要我略加引导，就能将话题转移到她身上，真是可悲又可笑。这就像转移 3 岁小孩的注意力一样不费吹灰之力！

这种方法我用了好几年，效果相当不错。当然对我而言，“天气之交”还是很可怕的，因为其中毫无真诚可言，我们之间也毫无感情联系。在某种程度上，我还是戴着面具，却能保护我不受她的虐待，因此这也算是个可行的解决方案。

和自恋狂保持肤浅的关系效果奇佳，起码在某些方面“效果奇佳”。从这样的天气之交中，你固然得不到一丝一毫的满足、支持、友谊或任何美好的事物，但你至少还能和母亲保持联系。从大方向来看，这还是可以忍受的。

她也许会发现你的变化。毕竟你已不再给她任何戏剧素材。她也许会抱怨：“你变了。”她也许还会没好气地说：“你现在什么事都不跟我说。”

然后，你可以略施小计：“我没跟你讲我刚刚去做头发了吗？哦，刚说到这里我才发现，你也做了头发吗？妈妈，这个发型太衬你了！”

她也许会揭你的旧伤疤：“你上次在汽车经销商那里吵过一架，后来怎么样了？”

“噢，那事已经解决了。”即使没解决你也要说解决，“他们把钱赔给我了。”

她也许想激怒你，存心惹事，吸收一点自恋养料。“你最近长胖了吗？”她会这样问你。

“很有可能。”你轻描淡写地说道。记住一定要顺着她的话说，这样就不会给她提供任何戏剧素材，然后再次转移她的注意力，“噢，看看这边的水仙花，开得真娇艳！”

她也许不看水仙花，还是一门心思要跟你耗到底。“我觉得你长胖了一点，你得控制体重呀。”

“我肯定会注意。呃，现在水仙花开花是不是太早了点？不过早有早的美。”

总之，遵循这样的路数就对了。你需要练习，不被她绕进去固然很难，但看见她无计可施、束手无策的样子你一定会满意至极。记住，只需彬彬有礼、和颜悦色即可。

如采用这种方法，假以时日，你就会剪断所有的戏剧丝线，使你们的对话蓬软如棉花糖，虽然平淡乏味，但起码安全无害。

低联系

第二个选项是低联系。许多自恋狂母亲的女儿都选择了这条路，因为她们发现和母亲见面让她们筋疲力尽，她们再也不想自讨苦吃——这种方法至少能减少她们与母亲的接触频率。

低联系的方法有两种。第一种是直接开始，第二种是先通知了再开始。这两种方法各有其优劣，到底选择哪一种很可能取决于她是吞噬型母亲还是忽略型母亲。

如果她是忽略型母亲，你可以直接减少接触她的频率，她甚至很可能毫无察觉。发现她毫无察觉后，你可能还会有点受伤，这似乎不合情理。你想降低联系。你也这样做了，可现在你又对结果不满意……也许她一直以来都是对的，你这人的确难伺候。

但你要知道，你其实并不想切断联系。你只是希望你们的联系是健康和谐的，有益于身心健康的。你对母亲仍然有爱，无论发生什么都无法改变这一点。你选择了低联系，只是因为不得不如此，并不是你存心希望如此。

如果她问都没问就接受了，或者甚至毫无察觉，你心里当然会很不舒服。这有力地说明了你对她毫无意义，想想还是挺难受的。我懂这种感觉。我建议你采用 189 页的 EFT 心语，也许可以缓解这种痛苦。

好了，如果她是吞噬型母亲，那你采取的对策就得有一点变化。如果直接减少接触她的频率，她会立刻发现，还会使尽浑身解数抗议。因此，你必须提前正式通知她。当然，她不会喜欢，而且会抗议。如需了解如何处理母亲的抗议，请阅读 88 页关于设置界限的内容。

现在，你要做的是正式告知她你们以后见面的频率。你可以给她一个理由，选择权在你。不过根据我与自恋狂相处的经验，还是尽量少惹事为妙。如果你给了她理由，她会和你理论，还会使出煤气灯操控法，跟你纠缠不休。

我建议给她一份书面的“低联系”通知书，邮寄或电邮皆可，总之不要口头通知，这样她就没法用歪理把你说糊涂，或者设法带歪你的注意力。

以下是一份“低联系”通知书模板。注意其中外交辞令式的委婉用语——只是为了减少对她的冲击而已。

亲爱的妈妈：

女儿写这封信是想告诉您，我无法像以前那样每周看望您三次。从现在开始，我每周只能看望您一次——我去您家，或您来我家。而且从现在开始，您来我家之前最好先打电话通知一声，我无法像以前那样随时迎接您的到来。此外，我每天最多只能和您通一次电话，每次最多十五分钟。

如能这样，我会非常高兴见到您，和您聊天拉家常。期待与您共度母女时光。

谨致问候！

现在，她可能会有以下几种反应。

第一种可能的反应是，她可能无视通知书，还是一切照旧，每天给你打三次电话，到你家仍不事先通知。

或者她会给你打电话或突然找上门，裹挟着一股自恋式暴怒厉声喝问："你到底在想什么？你怎么变得这么不近人情？你怎么敢不接我的电话 / 把我拒之门外？"

或者她可能会扮演受害者，给你回电邮或回电，哭哭啼啼地说她不知道自己哪里做错了，你要如此残忍地对待她。她会痛心疾首地说，她一直都尽最大努力做你的母亲，爱你宠你，等等。

如果所有的招数都不起作用，她可能会委派一位人称"飞猴"① 的使者前来做说客。你的父亲或继父自然是"飞猴"的最佳人选，不过老实说，任何人都可以做她的"飞猴"，只要他们愿意站在她那一边。这位"飞猴"会这样说："你母亲现在很伤心，你知道吧。我很担心她的健康。拿到你的信时，她难过得惊恐发作，吓得我们就差叫救护车了。你知道她的心

---

① Flying Monkey，指的是被病态自恋狂利用，虐待受害者的帮凶。这一词源自童书《绿野仙踪》，书里面的坏女巫派出有翅膀、会飞的猴子替她攻击目标，于是"飞猴"就被借用于英语世界的自恋型虐待故事之中。

脏一直都不好。”“飞猴”还有更多精彩的说辞，具体请参见107—108页。

坚守界限

下面我们来介绍坚守界限的方法。如果她越过界限，你该怎么做？你必须拿出具体的惩罚手段。转身走人或请她离开（如果你和她在一起）或者挂电话（如果你在和她通话）都是比较不错的选择。如果她在你家，不妨请她离开，不过得准备好她不离开的惩罚手段，例如上楼把自己锁在卧室里。无论选择什么样的惩罚手段，都必须始终记住一点——控制权务必要在自己手中。

因此，我建议采取以下步骤：

- 设置界限。在这种情况下，你可以这样说：“妈妈，请你不要再说杰瑞的坏话了。”要么也可以提前警告：“妈妈，请你不要在我面前说哥哥的坏话。”
- 如果她不听，你可以再警告一遍，这次的语气更坚定：“妈妈，我真的请你不要再对我说杰瑞的坏话了。你得就此打住。”或者，你可以提醒她你们以前定下的规矩：“妈妈，记得我以前跟你说过不要在我面前说哥哥的坏话吗？看看，你现在又在说杰瑞的坏话了，你必须就此打住。”
- 如果她还是不听，则不妨以惩罚手段相胁：“妈妈，如果你再不打住，我就走人/挂电话。”

· 如果她仍然一意孤行，你可以这样说：“我说过，如果你再不打住，我就走人 / 挂电话。到现在你还是不听，所以我只能走人 / 挂电话，再见，妈妈。”这是最关键的一个环节。你得平静而坚定地告诉她后果，不留任何讨价还价的余地。如果她问你为什么要走人，你可以重复：“我说过，如果你不打住我就走人。可你执意不听，所以我只得离开。”切记不要和她理论争辩，这一点至关重要，不给她任何阻止你实施惩罚的余地。道歉、眼泪或恳求通通失效。她必须长记性。记住，她是长着成熟女人身体的幼儿。幼儿和幼犬（想想训练幼犬的情形吧）得通过惩罚才能长记性。

· 下次还是重复同样的步骤。下下次同样如此。你得惩罚她好几次，她才能明白你是来真的。这样一来，她很可能再也不会试图越界。也许她会试着打擦边球，不痛不痒地说几句杰瑞的坏话，狡诈地试探你的反应。如果这次你让她侥幸逃过，下次她会得寸进尺。换言之，她得了三分颜色，就能立马开染坊。你必须让她明白，你会严格执行惩罚手段，而且说到做到，绝不含糊。当然，这是一个让人头疼至极的过程。不过，你别无选择，否则又会回到以前的死胡同。

她可能会用另外一种方式抗拒你设置的界限，例如抱怨。她也许会泪眼婆娑或怒气冲冲地说：“你变了！现在的你总是凶神恶煞的样子。我以前的乖女儿到哪里去了？”这样的招数很难对付，但你得记住，她只是一个因为摘不到天上的星星而抱怨的幼儿。

如果她这样说，只需用上面建议的方式四两拨千斤即可，无视她哭到发抖的嘴唇或愤怒的咆哮。“我一点都没变，妈妈。噢，看看这里的水仙花开得多娇艳呀。”

低联系很难保持。一周看望她一次（或你决定的其他频率）还是很难，因为每次你看到她，伤口就会被撕裂一次。她每次都想找突破口，你得坚持不懈地防守，真是疲于奔命。不过，碰上自恋狂母亲注定不可能轻松，她们可是制造双输局面的顶尖高手。

你必须记住这句箴言：

“如果我们中间必须有一个人不爽，那个人不一定非得是我。”

在一个理想世界里，所有人都积极健康，有问题也都会劲往一处使，一同想出一个双赢方案，这样自然没有人不爽。

可你要知道，碰上了自恋狂或其他正常功能失调的精神病患者，理想世界的规则完全不起作用。

因此，你们得置身于总有一个人不爽的局面。要么她为所欲为，你不爽；要么你心满意足，她不爽。

这就是那句箴言前半句的局面，即你们中间必须有一个人不爽。

但是，那个人不一定非得是你！

这是一个颇具颠覆性的理念，至少对我如此。第一次意识到这一点的时候，我还疑惑，我真的可以直接说“不”让她不爽？

当然，我不想让她不爽，这毕竟不是个好的选择。但归根到底，我仍然有这个选择。要么她不爽，要么我不爽。而且这个不爽的人不一定非得是我，如果导致我们两个必须有一个不爽的人是她，那她就更应该承担后果了。如果每次都只有我一个人设法达成双赢局面，那么一旦无法达成当然不是我的错。

你可能会畏她如猛虎，情愿死都不敢惹她生气。考虑到你生长的环境，有这种恐惧再正常不过了。但你可以消解这种恐惧，把她种种装腔作势的行为视为幼儿的无理取闹（当然，如果她真的很暴力或有其他危险行为，这一规则就不适用了。如果她是这种人，她的问题很可能不止自恋人格障碍）。

你可以运用 EFT 法消解这种恐惧，193 页的心语也可以起到一定的帮助作用。

请记住，如果你们中间必须有一个人不爽，那个人不一定非得是你！

升级至零联系

毫无疑问，升级至零联系是一个艰难的决定。这意味着你和你的自恋狂母亲切断所有联系，在默认情况下，这可能也意味着和其他家庭成员断绝来往，我会在后面详细介绍这一点。

这是一个复杂而艰难的重大举措。许多自恋狂母亲的女儿其实很爱她们的母亲，因此似乎不可能切断所有联系。其实对于像我这样对母亲从来无爱的女儿而言，迈出这一步仍然异常艰苦。我们文化中的一切规则都在对我们咆哮：“你必须与母亲保持联系！”如今这个年代，没有人叫我们和暴力狂配偶凑合将就（过去人们还是劝我们忍耐的，真是不堪的回忆），但他们都会叫我们多看望父母，这真是讽刺。要命的是，由于自恋狂母亲的虐待微妙不可见，我们解释起来就更难了。

记得我之前说过这种自恋人格障碍施加给我们的虐待一共有三层吗？第一层是母亲的苛待。第二层是她否认虐待过我们，还否定我们的痛苦。第三层是社会否认这种虐待，否定我们的痛苦。

如果你选择零联系，可能会遭到其他人——包括邻居、朋友、大家庭的成员——的一致声讨。这实在让人头疼。我们论坛的露辛达说："我得奋力苦战，因为我认为他们对我的看法莫名其妙地定义了我的本性。如果他们觉得我是白眼狼，好像我就真成了白眼狼。"

不过她后来醒悟了过来。"审视自己的内心之后，我意识到我还是我。我是个纯良敦厚的女人。别人的看法只是他们的看法而已，他们定义不了我。"

自恋狂母亲的女儿们有时会暗暗希望母亲能犯下真正伤天害理的恶行，只要再犯一次就好，这样她们选择零联系就能师出有名了。再说一次，这样想固然合情合理，不过我请诸位回顾她已犯下的所有恶行。你真的希望她再多犯一次吗？不妨试试 146 页的书面练习，好好回答我的问题。

就像准备离开有暴力倾向的配偶一样，有时我们会心软反悔，一次又一次地被母亲苛待，真到最后我们的忍耐到达极限，这时我们才说："够了！"这没问题，无须担心。没有人会拿着秒表站在前面计时，也没有人在你前面不耐烦地用脚敲打地板。你无须向任何人证明自己。只要你觉得时机成熟，放手去做就好了，完全没有任何问题。

有的自恋狂之女不知怎的就觉得必须要获得许可才能选择零联系，她们需要别人对她们说"你可以这样"。呃，事实是，你不需要任何人的许可。如果万一需要，那我给你许可：

我要明明白白地告诉你，没有人必须和虐待狂在一起。没有人有义务忍受精神上和情感上的否定、欺骗、蒙蔽、伤害、排斥和其他苛待。我要告诉你，你完全有权只和善待你、关心你的人相处往来，即便施虐者与你有血缘关系也不能改变这一点。

你也许认为惩罚母亲有失厚道。事实是，你并没有惩罚她。你只是在保护自己不受施虐者的伤害。如果她不爽，那是她自食恶果。这两者之间有一个细微的差别——你这样做不是为了她，而是为了你自己，对她产生的任何影响只是随之而来的后果。零联系的英文为No Contact，它和Natural Consequences的缩写都是NC，所以我们也可以说"零联系"的另外一个意思是"自然后果"。她得承担她的行为所造成的自然后果，你没有责任保护她免受惩罚。

你接下来可能会想，她并非有意为之。从某种意义上来说，的确如此。她本可以做个好人，可她的自恋人格障碍拦住了她。所以说，是的，她不是故意的。但这仍然不意味着我们就必须忍受她的苛待。

不妨这样想：我知道老虎并不是存心要吃人的。我知道老虎是天生的捕食者，只要有机会就会吃掉我。我不怪它——因为这是它的天性，它没法控制。但为了安全起见，我有责任离老虎远点。我不是责怪谁，只是“君子不立于危墙之下”（等探讨原谅的时候，我们会在 149 页围绕这一主题展开讨论）。

综上所述，零联系不是为了惩罚她，而是为了你自己，为了你自己的健康、心智和福祉。

现在我们要明白一点，“零联系”有着极其明确的含义。它意味着百分百切断联系。就像你不可能只有一点点“怀孕”，你也不可能只有一点点“零联系”。如果你还是有一点点联系，那应该是“低联系”。要保持一点点联系也是极其正当合理的，但它不是“零联系”。

事实上，零联系默认的“百分百切断联系”只是一种描述，并非一种规定。我的意思是，我或者其他任何人都不会要求你这样做，选择权始终在你手里。你的自恋狂母亲一直试图限制你的选择和选项，这本书和我在书中分享的观点则正好相反。这本书旨在为你赋权，为你提供更多选择和选项，但并无指导你如何选择的任何企图。

零联系意味着：

· **你不再和她说话，无论发生什么，都绝对不。事实上对你而言，她已经死了。**

· 你不再听她说话，不再给她任何机会，不再听她把话讲完。你已经试过千百遍，但仍然不起作用，不是吗？你母亲是个自恋狂，自恋狂不可能改变，所以再怎么尝试都无济于事。

· 你不再让她进你的家门。

· 你不再进她的家门。

· 你不再给她打电话。你不再接她的电话。如有可能，屏蔽她的电话。如果接起电话听到她的声音，马上挂断，不要给她任何回应。

· 不要给她发电邮或其他信件，她发过来的也一律不要回复，甚至连看都不要看。它们谎话连篇，只会影响你的情绪。如有可能，阻止她的所有电邮（不过可以把她的电邮和其他信件专门存档保管，如果你需要申请限制令，这可以作为证据——后面我会详细介绍有关限制令的信息）。

· 如有可能，不要接受她邮寄过来的礼物。如果收到她寄的礼物，只需捐给慈善商店即可。不要寄回去，不然她又会得到更多的自恋养料。不要给她寄感谢信。我知道这样似乎很不近人情，但事实并非如此。不要对自恋狂运用正常人的规则，因为她会用这些礼物来操控你。如果她送的包裹你必须签收，也别签收——直接拒收就好。

· 如果你需要和她沟通，比如说你和她有共同的生意或房产需要洽谈，不妨请律师代为转达。

· 不要给她寄贺卡，甚至她的生日或母亲节或圣诞节都绝对不要寄。

·在脸书上对她取消关注。另外也请屏蔽她，这样她就看不到你的状态更新。

·零联系是终极方案。因此，不管发生了多大的新闻或事件，你和她都再无交集。你的婚礼、你孩子的出生、你孩子的结婚都不会再邀请她。是的，这的确非常让人难过。但这也是确定、一定以及肯定有必要的。你以前请过她参与这些重大场合，但最后都被她毁得连渣都不剩，这些伤痛你应该还记忆犹新。

·如果在公共场合碰到她，请尽量无视。如果你的冷漠会使他人不悦或难过（比如说你们都在一个派对或宴会上），那就尽可能地敷衍一下。不要让她借机发挥，迫使你和她互动。

·不要和认识她的人讨论她。这一点非常重要，因为她很可能会派他们做说客为她辩护。后面我会详细探讨这一点。

我强烈建议你考虑一下如果她千方百计地要各种手段，你该如何接招。事先计划至关重要，这样等到她出招，你才不至于自乱阵脚。要知道，人在面对压力时，很难进行战略性思考。

所以，如果她站在你家的大门前敲门，你该怎么办？如果你已选择零联系，你肯定不会应门——那这个时候到底该怎么办？是躲回楼上？还是窝在厨房里？

或者，如果你不小心打开门，那该怎么办？既然已选择了零联系，你唯一的正确反应就是当着她的面将门摔上（我知道这似乎有些过了，但请看看 103 页的内容，你会知道正常规则不适合自恋狂）。如果你接起电话发现电话那头是她，该如何应对？跟她说话吗？还是直接挂断？还是不挂断电话把电话放在一边，然后悄悄走开？

现在知道计划有多重要了吧——你不仅得计划所有状况的应对方法，而且我还强烈建议你加以练习。这也正是演员需要大量排练的原因，运动员也一样需要高强度训练。这是因为经过练习后，你的身体可以条件反射地做出本能反应，它仅凭习惯就能知道自己的角色，不需要采取有意识的行为。面对压力时，你往往会采取熟悉的行为模式；摔门而去或直接挂断她的电话可不是你熟悉的行为模式。你得将它们变为你熟悉的行为模式，这才是我强调的重点。

因此，虽然听起来有几分傻气，但请一定要练习。如有可能，建议请人来扮演你母亲的角色，举例来说，你可以请她捶门，或隔着信箱悲痛欲绝地喊你。

这样做似乎有过火之嫌，却可以带给你平静。在任何特定情况下，你都能应付裕如，不至于不知所措，到时候你就知道了！你应该排练一下场景，做好准备，正所谓“手中有粮，心中不慌”。

所有的这一切都非常重要，因为零联系是最后的无奈之举。为建立健康和谐的母女关系，你已竭尽全力尝试过一切方法，但均以失败告终。

你最后已退无可退，此时只能转身离开，集中精力疗愈创伤（后面我会详细介绍），经营自己的生活，追求属于你的幸福。在这个时候，你的重心是寻找和建立双方相互赋权的正能量关系，而不是浪费时间去敲一扇永远不会开启的门。

零联系可以带给你平静与安宁，这种幸福是你现在所不能想象的。它可以帮你挣脱她编织的谎言之网。它可以将你从执念中解救出来，使你不再用力去做她要求的那个传说中的完人，并帮助你看清这是一个不可能完成的任务。

不过话虽如此，你可以随时打破零联系方案。你完全有权这样。这个方案只为你而设，有时你需要再试一次，再次确认她是否真如你想象的那样不可救药。

你也许还会上她的当，再次陷入以前的死局。这没关系，无须因此而自责懊恼。只要你愿意，你有许多机会可以纠偏矫正。甚至这里的“正”只是“对你而言的正”。这里没有仲裁人，没有法官。本书的主旨只是为你赋权，满足你的需求。

好了，你已懂得“零联系”的意义，那么到底该如何实施?

你要么不再联系她，在等待她明白你心意已决的同时，忽略她所有的消息；要么给她写一封“零联系”信函。再说一遍，选择权在你，不过我建议还是写“零联系”信函——即绝交信——比较好，如果你已告诉她原因，但她还是试图联系你，绝交信可以帮助你在心理上更坦然地全部忽略。

那么，该如何写绝交信呢？我强烈建议越简单越好。我知道，这个时候你可能很想在信里一吐为快，细数这些年来你们的母女关系到底有哪些问题，以及你为什么要断绝关系——但这极有可能适得其反。你只会给她更多反噬反扑、对你施以煤气灯大法（“这种事根本就没发生过！”）并向他人大肆抹黑你的弹药。

我知道可能还有一丝希望——如果你吐露真心，告诉她你有哪些地方对她不满，让她知道你是真的被伤透了心，所以要和她切割了断，她可能会意识到自己的错误。放心吧，这种事肯定、一定、绝对不可能发生。她是自恋狂。她不可能为自己的行为负责。她不可能承认自己犯过一丝一毫的错误。

这么说吧，写一封情真意切、发自肺腑的信的确是一个不错的想法。只是不要发出去。你可以为自己而写，只为提醒自己她带给你的所有伤害，如果哪一天你忍不住想再次联系她（你的大脑有时会欺骗你，后面我们会详细探讨这一点），不妨拿出来看看。写下这封信，这样你就可以行使不被她强加给你的谎言所蒙蔽、说出真相尽情宣泄的权利。

或者，如果你写完信后实在想寄出去，那就一定要为自己而寄。你寄信可以是为了享受终于有勇气说出真相的满足感，但绝对不能指望她能改变心意，因为我已经说过，这种事绝不可能发生。

以下是绝交信的一个模板，它基于我自己写给母亲的信。

亲爱的……

我意识到我们的母女关系在本质上病态扭曲，充满负能量，给我带来了情感上的极大痛苦。如果能抽离这段关系，我会健康且快乐得多。因此，我请您不要再与我联系。我这样请求并无泄愤或冒犯之意，只是因为心碎到极点。在此我请求您。您今后寄给我的信件或电邮我都不会再拆封或打开，而且会直接扔进垃圾桶或删除。尽管如此，我还是希望您今后身体安康，万事如意！

注意，我在末尾加了祝福的话，因为我很注意自己的心理，和她绝交不是为了泄愤或报复。

你可以以挂号信的形式寄出绝交信，这样她就不能抵赖说自己没收到。

那么，她收到绝交信之后，会发生什么事呢？

可能什么事也没有。她很可能什么反应也没有，你再也不会收到她的任何信息。如果她是忽略型母亲，这种可能性就更大了。

从某种程度上来说，与她失联是一种解脱。你希望零联系，现在你称心如意了。

不过，你还是很受伤。她轻轻松松就把你抛诸脑后，仿佛掸去身上的一粒灰尘，这的确很难受，仿佛被人重重地打了一记耳光。你可以运用189页的EFT法来减轻这种伤痛。不过还请记住一点，如果情况正好相反，她收到绝交信后还苦苦纠缠，那不等于她爱你。老实说，那只是因为她不想失去她的磨牙玩具，她不想失去自恋养料的来源。

因此，如果她就此撒手，你就可以脱钩了。你可以做一些感情疗愈功课，开始经营自己的幸福生活。你可以将本书直接翻到 143 页，了解具体的疗愈方法。如果她后来又来纠缠，不妨把书翻回到这里继续读。

不过……

她也有可能要一些小手段，或者要尽一切手段。注意，如果你真正选择了零联系，你对这一切是无从得知的。你必须竖起一道防火墙，将她所有翻墙的小动作拒之墙外，这可以让你少受许多折磨和伤害。以下是她可能会采取的一些手段：

她可能采取我们称为的“吸噬大法”。这种手法如其名所示，她会试图将你再次吸入旋涡。她的行为包括纠缠甚至跟踪，她可能质问你她到底是哪里做错了，或者可怜巴巴地哀求你，可能还会声泪俱下。总之无所不用其极。

我下面的话听起来可能冷酷无情，可还是不得不说。我们论坛上已有很多自恋狂之女还有一丝残存的幻想，总以为自己的母亲真心后悔要洗心革面了。

如果发脾气管用，她就会发脾气。如果质问奏效，她就会质问。如果全部失手，那她会借助于眼泪。正如我前面说过的，她会无所不用其极。你道高一尺，她就魔高一丈。你可能会接到别人的电话，对方告诉你，她在医院里，刚刚被诊断出不治之症。要么是她家的房子塌了……当然，一旦你重新联系她，你会发现这些消息通通被夸大了数十倍。诊断出不治之症？她只是在医院里做小小的检查项目。

她也许会给你寄一封乍看似乎后悔莫及、深感歉意的信。但如果仔细推敲，你会发现其中隐藏着自恋狂的把戏。我们论坛的莎拉展示了一封自恋狂母亲（在莎拉的例子中，她遇到的自恋狂是她的婆婆）常见的道歉信模板，经过她的允许，我现在与诸位一起分享她的信：

亲爱的（务必要在一开始表达出亲切之意，即便你和对方并不亲近，总之要营造出一种虚假的安全感，让对方以为这是一封充满善意的信）【插入姓名】：

我知道你认为我做过许多错事（你得仔细推敲每一个字词，这一点至关重要，因为你必须通过措辞让收信人假定你已认真倾听她提出的问题，但与此同时，你必须确保其实是你在责怪对方误会你了）。我很抱歉你觉得我伤害了你（再说一遍，在这里措辞至关重要——你现在可以告诉任何一个愿意倾听的人，你已道过歉。这样一来，受害者接受道歉实际上意味着由她们来承担责任）。

我想你是误会我了，你这样看我让我深感痛心。你得明白一点，我的所作所为只是出于爱，我所知道的一切也只有爱。（不要低估这两条信息的重要性——你必须扭转逆局，使自己变成受伤的受害者。结尾的那一句堪称神来之笔，不仅能把所有的责任择得干干净净，与此同时还能让受害者迷惑恍惚——原来你的爱这么深沉，她们怎么能把你想得那么卑劣无耻？）

我一直都不知道你感觉被严重虐待（这样一来，你就将责任再次推给了受害者——如果你无从知道她们的感受，又怎么能够照顾得到她们的情绪？务必用像“虐待”这样严重的字眼，让受害者感觉她们对你的所作所为深恶痛绝，是不是有些太过了）。

（现在该发挥一点创造力了。至少举三件以前发生过的事，义正词严地否定受害者对这些事件的客观感受。记得要无中生有地编造几句别人的话说给她听，务必至少援引一句别人“认为”受害者对你说过的刻薄恶毒的话，别人没说过可以编嘛。）

我从来都没有……

你这样看我，我很痛心……

你记不记得你以前……

（亲戚或朋友的名字）和（亲戚或朋友的名字）都跟我说，你的行为让他们深感震惊，他们也很痛心，实在不敢相信你会这样对我（受害者肯定觉得被孤立，看到别人都站在你这一边，也许还会有一点抓狂）。

我希望你能做出正确的选择，不要让我们这个家支离破碎（这一句可写可不写，但还是很管用的，它毕竟是引发内疚感的绝佳工具，可以让受害者认为自己应该为整个家庭的幸福负责。写到这里，你可以名正言顺地宣布你们母女之间的问题全是她的错）。

永远爱你的（让她们感情动摇，不再认为这封信隐含恶毒的意味）妈妈（“妈妈”这两个字要大写强调，进一步巩固你在她们生活中的地位）

“吸噬大法”的另一个手段是给你寄卡片。我们论坛的曼迪收到了母亲的卡片，她苦恼地说：“现在球又踢到了我这边。如果不回应不仅显得我不近人情，还会进一步成为我冷酷无情的铁证。”

事实是，球并未踢回到她那边或你这边。不回应也并不显得不近人情。这种卡片毫无诚意，它只是一种操控，忽略她的操控当然不是不近人情。

自恋狂用来对付我们的最具杀伤力的武器之一是我们的教养。他们陷我们于不可能取胜的局面，因为我们的体面和社会意识会把我们绑得死死的。

但对于自恋狂，我们无须运用正常规则。这似乎太过激进，却是一个令人欣慰的好消息。他们既然可以把社会互动和人类合作的规则通通打破，我们和他们互动时也无须受这些规则的束缚。他们不遵守社会规则，因此你如果严格遵守，就会置自己于极其不利的局面，那可正中他们的下怀。

我知道摒弃正常规则有悖伦常，而且似乎会引来他人震惊的目光，不过一旦你想明白其中的道理，那种释然感还是非常幸福的。

因此，你不必回谢他们的礼物或卡片（这类“礼物”真的只是戏剧素材和操控手段，这一点我在前面已经说得很清楚了）。

你不必给他们寄生日卡或其他卡片。

你举办家庭庆祝活动不必邀请他们。

你不必回他们的电话、短信或电邮。

你不必在脸书上关注他们，既然他们不在你的好友列表之中，他们有动态更新也无须回应。

对于自恋狂，正常规则通通不适用，他们不配。

你只用关心一条规则，那就是保护自己和家人不受她操控。

因此，我建议你小心她操控你，迫使你碍于情面乖乖就范。你得严防死守，不要上她的当。

好消息是你的能量超乎你的想象，真的。你的能量就是无视。它是自恋狂的氪石[①]，每次运用都立竿见影。更让人心满意足的是，自恋狂最恨被无视。我并不是建议你对他们小气刻薄，不过如果你在维护自己的身心健康之余，能挫一挫他们的锐气，我觉得暗爽一下也无妨。毕竟和我们经历的痛苦相比，这一点暗爽并不算什么。

所以，请记住我传授的秘诀：删除 + 无视。

当然，他们会视你的冷漠为进一步的证据，从而将你定义为他们想定义的任何人。老实说，他们不管怎样都会给你贴上负面标签。如果你回应他们的卡片，他们也不会突然良心发现："我的天，她原来这么善良，这么有诚意，我们以后一定要对她好一点。"

① 氪石（kryptonite）是超人故事中的虚构物质，虽叫氪石其实与现实世界里的氪元素无关，是超人的家乡"氪星"爆炸后的碎片，可让超人失去超能力。现实世界中，"kryptonite"一词已经成为刀枪不入的英雄的弱点的代名词。

从深层意义上来说，如果你要自由，就不要在乎他们的看法。如果你必须在乎，那也不要让他们的想法影响你，导致你无法追求自己的健康和幸福。我在此有必要着重强调，你的责任更多的是追求幸福，而不是逢迎母亲的心理游戏。

她的另一个手段可能是找你约个时间好好谈谈。这一招的诱惑力太大了——毕竟你最宝贵的愿望还是和她修复关系，现在她向你投来了橄榄枝。你怎能忍心拒绝？

呃，你可能会记得在选择零联系之前，你已经尝试过一切可能；年复一年，你无数次想找她深谈，但都以失败告终。你可能已心如死灰，放弃一切尝试。

不过你更有可能认为，你应该给她、给你自己以及给你们的这段母女关系一个机会，这样想当然情有可原。

但和她见面很可能是个极其糟糕的主意。她可能还是恶习难改，只会对你施展煤气灯大法，否认、歪曲和捏造事实。

因此，我还是强烈建议你要求她先把想对你说的话原原本本地写出来寄给你，然后你再来决定是否要跟她见上一面。

她之后的反应就能说明很多情况。她很可能因为你胆敢提这样的要求而勃然大怒，继而断然拒绝。或者她也有可能同意，但就是迟迟不行动。如果她同意了，就把球踢到她那一边，不要催她。

如果她给你写了信，信里的内容类似于“我想和你谈谈我们该如何解决问题、重归于好的方案”，那就太含糊了。你要愿意的话，可以回信请她写解决问题的具体办法。

如果你决定不管她写不写道歉信都要和她见上一面，那我建议在公共场合见面，以便随时走人。最好能找人陪你一起，必要时可以帮腔，还能做个见证。

“吸噬大法”还有一个招数，那就是给你寄道歉信，不过很可能是经过精心粉饰的虚假道歉。记得查看25页真诚道歉的规则，把她的道歉信拿过来比对一下。

她的“吸噬大法”的招数层出不穷，你可能会不知不觉陷入她的圈套，和她重归于好。这一点也不足为奇，因为我们是如此迫切地渴望相信我们的母亲。

重归于好之后，她很可能会扮演一段时间的慈母。这时你就会内疚得无以复加，痛恨自己当初不该怀疑和拒绝她。与此同时，你也会为你们母慈女孝的感情而欣慰，并希望将来与她共享天伦之乐。

不过这种幸福维持不了多久。一旦吃定你，她就会故态复萌，甚至很可能变本加厉，她要狠狠惩罚你胆敢忤逆她。这种可怕的真相毕露会让你越发地触目惊心。

她的另一个招数可能是指派说客为她说情——这种说客就是人们所说的“飞猴”，在童话《绿野仙踪》中，女巫召唤飞猴时会说：“飞吧，我的小可爱，飞吧！”飞猴可以是她的丈夫（你的父亲）、你的兄弟姐妹或三姑六婆，总之是一个非常适合做帮凶的角色。

当你对飞猴讲起她的种种苛待时，飞猴可能会连连点头，接下来却会要求你设法妥协：“我知道她这人不好相处，我也深有感触。不过她就是这样的人，她也不想这样。你知道她就是这个性子。你能不能大人不记小人过，不要再跟她计较了？”

我们论坛的艾伦说：“所有人都叫我‘放下’，可我觉得，‘放下’绝对是我这辈子顶恨的十件事之一！我的帮凶式父亲总对我说应该‘放下’，不要对我的自恋狂母亲‘记仇’，因为她已‘尽力了’（呸，她还尽力了——眼镜蛇做母亲都比她称职）。还有我的朋友们，他们也全都口口声声说‘父母都会犯错误，你就不要计较了’之类的废话。甚至我丈夫也让我失望，虽然他至少还有一点点理解我，但他却对我说‘为了你自己的心理健康，放下吧’。”

我真是恨透了这个字眼！嘿，你的亲妈在感情上折磨、拒绝、忽略、利用和虐待你，你成长于扭曲病态的环境之中，不知“正常”和“健康”为何物，你的一生为此而蒙上了厚重的阴影。可绝大多数人拒绝相信你所承受的痛苦，而一手造成这一切悲剧的恶人却毫无悔意，还能继续声称他们问心无愧，对得起天地——所以很显然，你唯一的解决方案就是“放下”！

飞猴会说你母亲有多痛苦。“你这次可让她伤透了心。她不知道自己到底是哪里做错了。自从收到那封信后，她整天以泪洗面，那样子可让我担心死了。她的血压升高了/哮喘更严重了/气得吃不下饭睡不着觉。求你发发善心，回家看看她吧。这样不仅她好我好，对你、对你的孩子们也有好处。孩子们还是需要外婆的。”

飞猴可能还会说：“呃，你知道，每个故事都有两个版本。”

这话貌似很有道理，你当然想做个公正客观的人，可能还会表示认同。毕竟，你只是从自己的角度看问题，不是吗？

可事实是，你面对的是自恋狂，所以拉倒吧，这里的故事没有两个版本。两个成熟正常、通情达理的人之间不可能存在误会。她是施虐者，你是被虐待的受害者，这一点没得谈。

他们可能还会说："你怎么能这样对生你养你的母亲？"老实说，你可能甚至也会这样责问自己。他们的话正好戳中了你的痛点，可能对你极具杀伤力。但请记住，你并不是针对她。你的所作所为只是在自救，如果给她带来了任何负面影响，那只是我们前面说过的"自然后果"。

飞猴的另一个经典说辞是："她很想你！"如果我猜得没错的话，你母亲在写给你的信里就已经说过她想你。

她是骗你的。她才不会想你。她想念的是她的磨牙玩具。你对她而言不过如此。你有没有试过把死老鼠从猫的嘴里抢出来？猫会舍不得老鼠吗？当然。猫很可能可怜巴巴地"喵"几声，东抓抓西挠挠到处找老鼠。这是不是就意味着猫想和老鼠建立互爱互敬的关系呢？

再说一遍，如果你坚定地选择了零联系，那就不要理会这些闲话。你可以礼貌而不失坚定地告诉飞猴，你不会和他们讨论这事，你心意已决，再无商量的余地。

如果你已把这些闲言碎语都听完了，那又该怎么做？呃，你有两个选择。你可以礼貌地告诉飞猴，他们说了也白说。或者，你也可以同意和她见面好好谈谈，等领会了她的煤气灯大法和一味抵赖之后，你势必会意识到，真不该一时心软，于是你便会恢复零联系。

我说了这么多，你明白我的意思了吗？其实我只想说这里并无对错之分。你可以犯一百万个错误之后再重新回到零联系，这完全没问题。不过有一个隐患，那就是只要心软一次，下次飞猴再苦苦哀求你就得费更大的气力拒绝，得更狠心地向他们证明“这次你是来真的”。不过这也完全没问题，只管放手去做就好。

你的自恋狂母亲可能会采取的另一个伎俩是全方位的抹黑运动，如果她心怀恶意的话，这种概率尤其高。这时她会不遗余力地扭曲事实，向所有人说你的坏话。不幸的是，她的谎言还貌似有理有据。她为了让他人信服，可能会在谎言中掺杂一点事实。

许多自恋狂都很有说服力，因此大多数人都可能站在她那一边。你毫无招架之力——你无从知道她对别人说了什么，等到朋友们不再搭理你或漠视你，你才会大梦初醒，这时伤害已然造成（他们都不是那种下结论之前先找你求证的人，如果是这样，他们早就这样做了）。

这种伎俩运用在家人身上才更要命。自恋狂很少孤军作战，他们通常都会在家里织下一张基于共同依赖的天罗地网。你的自恋狂母亲不怕你挣脱那张网，也不怕你说出事实，因为她敢保证所有人都会站在你的对立面。的确如此，其他的家人都会跟你翻脸。

因此，一旦决定和母亲切断所有联系，你就得接受这种极有可能出现的结果：你会失去所有其他的家人。再强调一点，只有你才能决定这样做是否值得——这是一个艰难的决定，没有人应该做这样的决定，但这是因为自恋狂编织的天罗地网几近致命，而我们为了求生不得不做出的决定。我们甚至要冒着与我们的父亲断绝关系的危险。

许多自恋狂母亲的女儿都不敢选择零联系，因为这意味着失去她们仍然挚爱的父亲。是的，从理论上来说，她们还可以与父亲单独见面，如果真的可能，她们也许值得花时间见见父亲。但从大多数情况来看，我发现父亲已陷入自恋狂母亲的魔咒，他们很难同意单独和女儿见面。无论他们多爱女儿，无论女儿有多想念他们，他们还是会站在妻子这一边。这当然是可以理解的，既然女儿从小到大都受苛待，可想而知，父亲肯定一直都唯妻命是从；既然一贯如此，现在又怎能改变?

因此，有了父亲这个“人质”，你可得好好考虑，看看是否真的要和母亲零联系。这是个毫无人道的决定，是人就不应该被逼到这个地步。但这就是现实。

自恋狂母亲的女儿不敢选择零联系的另一个原因是害怕他人的眼光。的确如此，一旦你选择了零联系，你就不能指望所有人都认为你伟大光明正确。

事实是，大多数人都不知道自恋人格障碍。他们要么是闻所未闻，要么是听说过，但隐约觉得只是某种虚荣心过剩的小毛病。因此，自恋狂可以在正常人中间不露一丝马脚，他们可以假装和我们别无二致，成功混入人群之中。只有我们才知道他们的真面目。

对我而言，这就像 20 世纪 50 年代二流电影的情节，外星人来到地球，披上人类的伪装，只有少数几个人知道真相。他们苦口婆心地告诉不明真相的群众："他们不是真人！他们是外星人！你们明不明白？"可群众只会把这些说真话的人当成疯子或神经病，于是外星人可以继续他们的伪装招摇过市。

正常人无法精准理解你和自恋狂在一起经历过多少磨难，真的太难了。因此，从他们有限的眼光来看，自然会认为你卑劣无良，居然要和这样一位贤淑纯良的女人断绝关系，要知道，她可是你的母亲啊！

因此，你很可能会因为这个决定而成为众矢之的，而且几乎没有翻身的希望。再强调一遍，只有你才能决定是否应该为了在别人眼里保持一个还算有人样的形象而继续和她保持联系。

如果你能把一切删得干干净净，对一切充耳不闻，她最终很可能会明白你的意图。秘诀是决不回应，甚至也不强调你希望她放过你。如果你回应，就等于让她知道你"一激即应"，这样她动员飞猴就更起劲了。

有的自恋狂母亲不会轻易放弃，她们的吸噬手段可能会变成纯粹的跟踪。在这种情况下，你应该寻求警察的帮助，借助法律的力量来解决问题——例如申请限制令等。

零联系带来的效应

许多自恋狂母亲的女儿采取零联系后，立即就收获到了一系列的好处。许多人表示压力减少，心情更轻松更快乐。她们发现可以更好地照顾自己，例如可以去做头发、做美甲，等等。许多人自然而然地就告别了多余的赘肉，她们不需要应对母亲，因此也不需要从食物中获得安慰。其他人发现自己变得更有创造力——创意自动涌入脑海，技艺日益精进，艺术作品的品质亦会不断提高。她们更喜欢自己，这也是可想而知的，因为她们不再动不动就崩溃。

然而，有时还是会遇到阻力。的确，幸福就在不远处，但有时你得赢得挑战才能收获幸福。

这里有我前面讲过的丧亲之痛。这种痛感极其真实。

另外，采取零联系后，你也会受到内疚的反噬。你很容易忘记母亲过去的种种恶行恶状，并开始淡化她带给你的伤害。这一点也不奇怪，因为从小到大，母亲都在向我们灌输这种心理淡化。而且我们的社会始终坚持一种对母亲顶礼膜拜的文化，这无异于雪上加霜。

我有一些建议可以帮你克服内疚。首先你得使用 198 页的 EFT 心语来消除内疚。

其次请阅读 132 页有关程式化思维的内容。你的内疚基于虚假理念。内疚感固然真实，但并无根基。内疚袭来时，不妨多留意这种感觉。允许它存在，不要抵抗，不要拒绝，不要认为自己不应该内疚。顺其自然。所有的感觉都是正当合理的（再强调一遍，我知道，你们的母亲告诉过你们有些感觉不应该有，但她教你的许多理念都是错的，这一点也不例外）。

因此，多留意内疚的感觉，但不要沉溺其中，更不要被它吞噬。多留意可帮你与内疚保持距离。观察身体的反应，看看内疚影响到了哪些身体部位——例如胸口发紧，小腹发硬。请务必多留意。

你甚至还可以按照下面的对话与内疚谈判。我知道这似乎有些不可思议，但实际上，你是在和体验到内疚的身体部位直接对话。从下文可以看到，我提供的对话谦恭有礼，甚至还饱含感恩之情。这是因为内疚不是我们的敌人，你得根据它提供的信息帮助自己。

你可以这样说："你好，内疚。我看见你了。我认可你。谢谢你过来帮我。我知道你希望我做正确的事。你认为正确的事是给她寄一张生日卡。可你知道，事实并非你看到的那样。这是错误的信息。对我来说，正确的事是关心自己，保护自己远离施虐者的伤害。"

我的第三条建议是根据 146 页的建议写下你的故事（如果你已经写了，请记得再读一遍）。这可以提醒自己，你为什么要采取零联系，从而告诉自己不要再淡化她的种种恶行。我们论坛里有一位名叫珍妮特的成员，她甚至列出了她母亲的十大罪状，还用冰箱贴把列表贴在冰箱上（不过得折叠好，不用时时看）。因此，只要她忍不住想给母亲打电话，就可以把列表展开看看。

除了丧亲之痛和内疚之外，零联系带来的可能还有忐忑不安。你可能会郁郁寡欢，却又不知为何。迷惑彷徨，思绪混乱。这是因为你置身病态的生活太久，一旦脱离会不知所措。因为你之前成天将母亲挂在嘴边（大谈她的好恶、她的讨厌之处以及渴求关注的种种病态）——现在再没有这样了，所以感觉有些奇怪。你仿佛刚刚下船的乘客，一时不大适应行走于坚实的地面上，感觉有些陌生。

你也许还会想念曾经的戏剧场面。虽然你不像母亲那样痴迷于“作”，但这毕竟是你习惯的模式。没有了这些戏剧，生活似乎静如死水，寡淡无趣。我建议你真心问问自己是否果真如此。如果是，请提醒自己戏剧元素在本质上具有干扰性和破坏性，而且生活早已为我们带来了足够的戏剧元素，再凭空制造戏料出来势必会吃不消。你要知道，你会慢慢习惯现在的生活，并最终学会享受难得的安宁。

现在你只需接受怪异的感觉，刚穿新鞋时也会不适应，过一段时间才会合脚。你会一点一点、不知不觉地习惯全新的生活。

你该如何告诉别人你和母亲已经零联系？

这是个棘手的问题。在我们的社会看来，无论母亲有多暴虐，我们仍然应该和母亲保持联系。更要命的是，我们的社会仍然不接受“虎毒可食子”的事实，因此，和别人解释实在不容易。你很可能懒得解释，毕竟这事与他人无关。我往往都会尽力将实情告知他人，这是因为我觉得有必要让这个世界了解自恋人格障碍，所以我才会建立网站和论坛，写作这本书。不过，我的想法很可能并不适用于你。

秘诀在于谨记一点：你不需要“四辩”——辩论、争辩、辩护或辩解。你不需要说服他人，让他们认同你的所作所为正确且公正。

因此，你可以视情况而定，向他人提供或多或少的信息。你可以一带而过地说一句——例如同事问你圣诞节是否要陪父母，你可以这样回应：“不陪，我父母和我比较疏远。”从而伺机转移话题。

对于另外的一些人，例如婆婆或密友，你可以多说一些。你可以这样说：“我母亲有无可救药的人格障碍症，她总是苛待折磨我。这种障碍症意味着她不可能改变，也不可能善待我，所以我只能和她断绝关系。我知道这对你来说很难理解，但请你相信，我做出这样的决定并非轻率之举。如果你无法支持我的决定，至少请你不要破坏它。”

如果他们流露出足够的兴趣，不妨请他们读这本书。

你该如何向孩子解释零联系？

采取零联系的一大挑战是该如何向你的孩子解释。这具体取决于他们的年龄以及他们与外婆的亲密程度，因此我在这里只能提供一般性建议。

许多自恋狂母亲的女儿一开始都以为，她们可以让孩子继续与外公外婆保持联系。毕竟从人之常情来看，剥夺孩子与外公外婆的感情实在太不人道。

如果你持这种心态，我强烈建议你三思。是的，在理想的情况下，你的孩子可以拥有外公外婆。但这个理想的状态与你经历的所有磨难相悖。你的母亲是个施虐者。她有毒，也就是说她会散发毒素。“有毒”是比喻意义上的字眼，而不是字面意思，却足以说明她的杀伤力。看看她对你造成了什么样的影响吧。

无论施虐者是谁，你都完全有权——事实上也有责任——保护你的孩子远离他们。即便我们的社会为祖父母赋予了极高的象征性地位，其级别之高甚至连母亲都望尘莫及，但只要祖父母是施虐者，你的孩子就必须离他们远一点。

你可以借此机会教育孩子，如果和某个不通情理的人无法达成任何妥协，那就必须为了自己的身心健康而各走各路。此外，你也可以教育他们，不要因为某个人是你的家人，就可以让他们虐待你而不用受任何责罚。对于孩子来说，这些都是无比宝贵的经验教训。

如果你的母亲是忽略型外祖母（例如我母亲），那零联系就差不多没什么难度了。我儿子当时 12 岁，一听说再也不用见外祖母或外祖父时，真的是如释重负，长舒了一口气。

但如果你的自恋狂母亲是吞噬型的，那就很麻烦了，因为她们往往也要吞噬外孙。有的自恋狂母亲会成为完美的外祖母，把年幼的外孙照顾得无微不至，外孙自然也会非常依恋她们。你可能很舍不得打破这种纽带关系，这是可以理解的。不过，这里有几点你需要考虑一下：

· 等你的孩子到了对外祖母说“不”、有能力表达意见或有了主见的年龄时，（你知道，正常人看到孩子有主见都会无比开心！）往往是到了大约 7 岁的时候，你母亲对他们的态度可能会 180 度大转弯，对他们暴露出自己自恋卑劣的一面。如果是这样，还不如现在就斩断联系，省得让孩子将来徒受折磨。

· 事实上，吞噬型外祖母会成为横亘在你和孩子之间的“第三者”，我可不是开玩笑。我们论坛里已有过先例，自恋狂母亲真的会和你抢孩子，孩子年幼时她们抢起来得心应手，甚至等孩子长大成人，还会因为幼时外婆的洗脑而对外婆更亲。她们会用糖果和玩具等小恩小惠宠坏孩子，对孩子说“别管妈妈怎么说，听外婆的准没错”之类的话，破坏你对孩子的教育。这样一来，天真的孩子可能会更喜欢外婆，你只能屈居于后。在孩子眼里，外婆是宠溺他们、给他们快乐和糖果的天使，而你只是逼着他们吃蔬菜、催着他们上床睡觉的恶魔。有的自恋狂外祖母甚至还要外孙喊她“妈妈”，而对真正的母亲直呼其名。

· 祖孙关系很可能最后也会融入一丝微妙的虐待意味。也许你的自恋狂母亲会对孩子们厚此薄彼，继续在孩子们中间分化出“黄金天使”和“替罪羊”。也许她在娇惯孩子、博得他们的欢心之余，还会把驾轻就熟的自恋把戏用在孩子们身上。

· 最重要的是，你的孩子需要的是一个快乐而完整的母亲。无论你的自恋狂母亲怎么洗脑，你的需求始终至关重要。当然，这并不是说你的需求可以凌驾于孩子的需求之上。不过，你的孩子可以不需要祖孙关系，但他们的的确确需要一个快乐和完整的你。因此，如果出于身心健康，你确实需要零联系，那为了全家的幸福安宁，这就是一个正确的选择。

言归正传，你该如何对年幼的孩子解释零联系呢？你可以转移他们的注意力，如果他们想看外婆，只用跟他们说“今天不行”。随着时间的推移，他们很可能就不会再要外婆了。

不过，我的意见可能失之完美。一个大活人从孩子的生活中凭空消失，如果不对孩子解释一番，我并不认为这是个好主意，因为这对孩子来说相当阴森诡异。他们可能会疑惑，下一个消失的人是谁?

因此，我建议温和地解释：“我们暂时不会去见外婆。她对妈妈非常坏，事后既不道歉，也不改正。我们不能让坏人和我们一起玩，所以在她变成好人之前，我们不要见她。”

在我看来，这样的一番话给了孩子一个完美的解释。与此同时，你还能教孩子懂得边界，懂得不要纵容别人欺负自己。不过，务必要对孩子强调，你只是在一段时间内必须狠起心肠，决不能服软，不然孩子会担心你以后会因为一点鸡毛蒜皮的事就把他们踢开拉黑。

对年龄稍大一点的孩子，你可以解释得详细一些，跟他们介绍自恋人格障碍。你的孩子很可能已发现了外婆的一些不对劲之处。解释的时候，注意不要把孩子当大人——我的意思是，不要让他们来背负你的痛苦。不过提供必要的信息还是很好的，这个世界上还有许多其他的自恋狂，你的孩子迟早会遇上，你的信息对他们宝贵而实用。

那兄弟姐妹怎么办?

许多自恋狂母亲的女儿都会抗拒零联系，因为她们觉得自己对兄弟姐妹负有责任。这是零联系导致的最痛心的后果之一。我们觉得自己在抛弃他们。事实上，这往往也许是事实，尤其是我们的兄弟姐妹尚且年幼并住在父母家中就更如此。这是自恋狂母亲一手导致的多个双输局面之一。老实说，我们对此无能为力。我们不可能为了拯救一个即将溺死的人把自己也溺死。我们顶多只能希望自己获得自由和快乐后，能让我们的兄弟姐妹也意识到这一切是可能的，从而激励他们为自己而活。

不过我得提醒大家，自恋狂母亲很可能会对你极尽抹黑之能事，让你的兄弟姐妹一同抵制你。

病态的家庭痛恨说真话的人或吹哨人[①]。在这样的家庭里，所有人都应一门心思地赞美皇帝的新衣，如有人胆敢说皇帝没穿衣服，立刻便会沦为全民公敌。

黄金天使可不敢冒着失去尊贵地位的危险，如果你就是那

① “吹哨人”（whistleblower）这个词源自英国警察发现有罪案发生时会吹哨子的动作，以引起同僚以及民众的注意。而从此引申出来，目前我们所指的“吹哨人”是为使公众注意到政府或企业的弊端，以采取某种纠正行动的人。

个黄金天使，那你兄弟姐妹中的替罪羊就能平步青云，取代你的位置，这样的诱惑太难抗拒了。

所以的确如此，采取零联系你就得冒着失去全家人的危险。这样的代价太过沉重——可这就是冰冷而残酷的现实。

“她如果去世了怎么办？你会不会因为零联系而抱憾终生？”

一旦考虑零联系，你很难回避这个问题。你要么主动考虑这个问题，要么别人听说了这种情况后有很大概率会问你这个问题。

告诉你一个事实：她肯定会去世。这不是“如果”的问题，而是“什么时候”的问题。

到那个时候，你会不会因为在她的余生里和她老死不相往来而内疚？你会不会觉得自己是个不孝的女儿兼白眼狼？你会不会后悔这些年不该拒她于千里之外，直到子欲养而亲不待？你可以心安理得吗？你可以忍受内疚吗？

当然，只有你才能回答。如果你和她继续保持联系，自然不会面对这些问题。如果你选择保持联系，这是一个坚如磐石的理由。当然，你免不了要付出昂贵的代价，但你也可以好好考虑是否值得。

不过，这里还有另一个视角——她和所有生物一样都终有一死，这并不能成为纵容她继续虐待你的免死金牌。这并不意味着你就必须继续忍受她的虐待。你值得被善待。

她去世后你产生的任何内疚感都只是假性内疚。我们在前面已经探讨过，内疚是你犯错后的某种情绪。保护自己远离施虐者不叫犯错。

那她临终前打电话给你怎么办？她在弥留之际想和你说几句话，你该怎么办？

到现在为止，我还没有经历过这种场面，所以我无法斩钉截铁地说我一定会怎么做。但我知道我很可能会怎么做，以及决定会怎么做。那就是忽视她的电话。在过去，她有无数时光诚心诚意地解决我和她之间的问题，但她一直无视这些机会（说实话，既然是这种情况，到底是谁才真正应该内疚？反正不是我）。

临终前见最后一面也不可能打开心结。她是个自恋狂，很可能不会把握最后一次机会承认自己的错误并真诚道歉。如果她这样做了，我当然会接受道歉，和她友好告别。但这种事不可能发生。这么多年都过去了，她从来都没有道歉。（她可能会告诉你，她一直都在设法弥补。这些年里，她一直给你寄生日卡，发送圣诞祝福短信。她肯定会说她一直都在向你敞开大门，而且还把自己给说感动了。你反而成了那个冥顽不灵、冷酷无情的恶人。但她绝不会说："我们的问题出在哪里？我们该如何弥补？"一次都不会说！）

因此，我完全可以想象病榻前的那番情景，她会说她很抱歉我们疏远了这些年（虚假道歉），接下来她会说她希望能在临终前和我重归于好。我知道，要想在这个时候不徒惹是非，就只能接受她的谎言，配合她演下去。这种事我可做不出，不然下半辈子我绝对会活在悔恨之中；它会像一颗苦涩的石莲子滞塞在我的肠胃之中，永远都无法消化。要协助她否定我这一生的痛苦会给我带来不可逆的伤害，我当然决不会配合。既然已知道了真相，就无法再自欺欺人。

因此，我别无他法，只有实言以对。她肯定会开始施展煤气灯大法，继续撒谎抵赖，很有可能还会老泪纵横，一再强调她已命不久矣。这样的场面会充斥着愁云惨雾，让人不忍直视，连我都吃不消，生命垂危的她就更吃不消了。

因此，我认为不去她的病榻前是一种善意和礼貌。因为病榻前的“我”不是她所熟知的那个能配合她的谎言以维持一团和睦的“我”，病榻前的“我”是现在这个直言不讳、勇于揭露真相的“我”。我母亲不会想要病榻前的这个“我”，只是她没有意识到这一点罢了。

毫无疑问，我将遭到其他人的口诛腹诽。病榻前的和解是我们文化中的重要内容，拒绝它无异于大逆不道，我势必会受到千夫所指。那就这样吧。摆在我面前的路只有两条，要么配合表演给自己施展煤气灯大法，要么和弥留之际的母亲针锋相对。我一条都不能选，只能逃避，这是我必须承受的代价。

此外，我相信我也不会出席她或我父亲的葬礼。如果去了就太虚伪了。如果我去了，一样要面临这两条路。我要么接受吊唁者的哀悼和慰问，迎合更多谎言；要么直来直去实话实说，让他们下不了台。他们既不需要这样，也不应被这样对待。所以为了他们好，我不能去，更何况于我而言，这也是无比正确的选择。

这些后果不会给我带来一丝一毫的快乐。我认为，无法陪伴在母亲的病榻前、无法出席母亲的葬礼都是一种锥心之痛。但这种不堪境地的始作俑者是她，不是我。

零联系的其他副作用

零联系有一个极其常见的副作用，那就是一段时间之后，你会开始质疑你其他的人际关系。你并非有意如此，只是它自然而然地就这么发生了。这种感觉一点也不好受，因为你可能也会意识到你生活中还有其他的自恋狂。也许是你的丈夫或男友。也许是朋友。

这是一个痛彻心扉的过程。你会感觉孤立无助，心烦意乱。难道每个人都是自恋狂吗？

当然不是，自恋狂的概率只有 0.6%—1%。

但围绕在你身边的人中，可能有相当一部分就是这个 1%。我绝非耸人听闻，毕竟你心里清楚。你知道你和自恋狂在一起反而会有一种诡异的舒心之感。自恋狂很可能已经意识到，和那种成长环境正常的人相比，还是和你相处更得心应手。

你到底该怎么做？当然，这还是取决于你。你可能发现自己也想和其他的自恋狂断绝来往。毕竟，现在你已有了不同的立场。你知道你值得被善待。你知道，你值得拥有健康的人际关系。

但是……但是……

你已经在承受与母亲甚至与全家人恩断义绝的巨大痛苦。一想到要失去生活中更多的人，你难免会惶恐不安。如果是这样，你就真的成了孤家寡人了。

你当然会这样想，不是吗？如果你与整个社交圈的人都相处不好，呃，那绝对是你的问题。也许你的社交圈里已有人这么对你说了。当然，身为自恋狂母亲的女儿，你已习惯被人指责，甚至只要稍有差池你也会指责自己。所以，你很容易相信自己有问题。

但我要告诉你，不，有问题的不是你。问题在于你置身自恋狂之中。任何有主见的人都没法和他们和谐相处。

因此，你可能也会发现，你得做一次大清扫，把有毒的人际关系通通扔出去。许多自恋狂母亲的女儿都会意识到这一点。

不可否认，这真是祸不单行，简直让人心生绝望。

但请你记住几点：你不需要立即清理。不用着急，等你强大了再来清理门户也不迟。而且，你不会孤立无助，因为把有毒的人清理出去，你的社交圈就会腾出空位置留给心理健康的人。当你痛下决心不再忍受虐待时，其他人会神奇地感觉到，这就像一种不可思议的气场，它会帮你把有毒的人清理出去，再把心理健康的人吸引进来。

与生活圈中的绝大多数人或所有人一刀两断需要勇气，而且是极其大的勇气。但收获也是蔚为壮观的。你身边再不会有人贬低打击虐待你，你会有足够的空间容纳心理健康、真心支持你、为你赋权的人。

你可能还会疑惑：“以后我该怎么避免自恋狂？怎么能一开始就将他们拒之门外，不让他们入侵我的生活？”我要告诉你一个好消息，那就是一旦你了解了自恋情结，自恋狂一靠近，你往往就能察觉出来。现在我在一百步外，就能闻到自恋狂的味道！不过我也提供一些测试识别自恋狂的方法：

· 请他们帮忙，看他们会如何反应。当然，那个忙得合情合理，不能超出你们友谊的范围。正常人会一口应承下来，但自恋狂则要么推托，要么心不甘情不愿地帮；要么热情似火地帮，不过很快就会要你给他们帮忙，把你欠他们的找补回来。

· 同理可得，你可以试着拒绝他们的某个要求。拒绝的时候当然得温和有礼。正常人会尊重你说“不”的权利。但自恋狂不会，他们往往会有过激反应。

· 或者，你可以冷静有力地反对他们表达的某个看法，观察他们的反应。正常人不会在乎你认同或反对，除非那个话题很容易激发他们的情绪，所以你可能得选一个较为老套的话题。例如，最好看的电影或最好听的歌曲，而不是谈人流或宗教之类的敏感问题。自恋狂见不得别人不认同他们，他们会勃然变色，或竭力与你争论，反正不会就此放过。

· 你还可以做一个试验。那就是大谈自己，而不是谈他们。自恋狂对此可绝不能容忍。

06

你是自恋狂吗

在这段疗伤之旅中，很可能过不了多久，就会有一个可怕的念头冒出来打得你措手不及——如果你是自恋狂，那该怎么办？

你想起了你酷似母亲的所有时刻，例如有时你对待子女不够温柔，有时你话太多。此时此刻，你正在读这本书，一门心思地想着自己，回忆自己的童年经历和长大成人后的经历，沉迷于自我无法自拔。这难道还不叫自恋吗？

我有一个好消息要告诉你：

如果你实心实意地焦虑，担心自己可能是自恋狂，那你肯定不是。从某种意义上来说，这有点像一个悖论，却不无道理。

不妨这样看吧——自恋狂从不认为自己不好，更不会质疑自己。她甚至不会认为自己有任何瑕疵。因此，她绝不会怀疑自己自恋，由此可知，如果你担心自己自恋，那你就不是自恋狂。

关注自己无罪，你完全可以琢磨自己的行为和问题。这不叫自恋。不过我们有这种误解也属正常。我们的自恋狂母亲通过言行教导我们，关注琢磨自己是不对的，这真是一种天大的讽刺。当然，她的脸皮就有这么厚。在她看来，我们要关注的人只有一个，（有请我们的女王闪亮登场！）那就是她！

这当然大错特错。我们有自己的事需要操心，这本无可厚非，琢磨这些问题也不叫自恋。

我们在前面已经探讨过，不过在这里有必要重复一遍：有时我的确是主角。在这种情况下，把注意力集中在自己身上理所应当。例如，我结婚、我离婚、我生病、我流产、我出书、我举办生日派对，这时我当然是主角。

同样，有时主角确实是别人，在这种情况下，我就不该关注自己，除非我是主角的支持者和拥护者。毕竟是她们结婚、她们离婚、她们生病、她们流产。

众所周知，正常人一眼就能将“自己是主角”的场合和“别人是主角”的场合区分开来。

对自恋狂而言，这纯属多此一举。你知道，在自恋狂的眼中，所有场合的主角都是他们，无一例外。

我们这些自恋狂母亲的女儿往往会走向另外一个极端，一部分原因在于我们被自恋狂母亲洗了脑，另一部分原因则在于我们害怕变成母亲那样。

所以，我现在要告诉你，在属于自己的主场宣布自己是主角无罪，而且绝无一星半点的自恋。一开始的时候，你可能得有意识地辨别哪些场合属于自己，暂时还达不到一看便知的境界。这需要练习。也许刚开始你会浑身不自在，但我建议你只管接受这种不自在的感觉，渐渐设法适应。只要加以练习，不自在的感觉就会越来越少，最终应付裕如。

“跳蚤”

虽然你不是自恋狂，但可能会有另外一个问题——自恋倾向或自恋行为。我们称它为“跳蚤”，因为你会从自恋狂母亲身上传染到“跳蚤”，也就是学到自恋。我们所有人都会从父母身上学到许多为人处事的方式。如果父母言传身教的是自恋行为，这就会成为我们为人处事的全部。

举例来说，听到富有建设性的批评时，我们可能会过于敏感。这是因为我们的自恋狂母亲从未给过我们富有建设性的批评。我们只能从她那里得到羞辱挖苦、鞭笞灵魂的批评，因为母亲希望强迫我们龟缩回自己的小盒子。

鉴于此，也许到了现在，只要听到富有建设性、充满善意的批评，你就会反应过激。你觉得它就是攻击，虽然并非如此。总之，你无从体会其中的差异。

我们的母亲施展煤气灯大法，口口声声说我们过于敏感，然后因势利导，使我们真的过于敏感，这真是太讽刺了，不是吗？

“跳蚤”的另一个示例是慢性撒谎。对你的自恋狂母亲说真话很可能不太安全，因此撒谎成了自保的一种方式。等到长大后，这成了你的自动行为模式，因为你觉得说真话等于引火烧身（请参阅 132 页有关程式化思维的详细内容）。

好了，我还是结合自己的生活，举一个这样的“跳蚤”示例吧。

我母亲每次只要一生气，就会上演制作精良的愠怒“哑剧”。恼怒、闷哼和抢白轮番登场，让你应接不暇。

因此，你会问她：“你没事吧？”她恶声恶气地答道：“没事！”那样的语气分明就暗示着：“没事才怪！”

因此，你又得问：“到底是怎么了？”（因为你还没笨到听不出弦外之音）然后又被她抢白一句：“没怎么！”那语气分明就是在说：“你麻烦大了！”

因此，你得围着她转（当然，这可是丰富的自恋养料），变着花样哄她，苦苦哀求她告诉你她为什么不高兴，结果当然是你做错事了。这种感觉就像要求死刑犯乖乖地把绞索给织好。

真是要命。

但更要命的是，等我结婚之后，一旦丈夫让我生气，猜猜我会怎么做？

没错，和母亲如出一辙。

我并不是存心操控他……只是因为这是我唯一熟悉的模式。我从未学过其他的引出或提出问题的方法。我甚至从未想过可以冷静地说：“嘿，你做了X事，出于Y原因让我很生气，我们可以谈谈吗？”

我当然不是自恋狂，过了几年之后，我终于意识到了这种模式的不对劲之处。因此，我改变了表达生气的方式。

这是“跳蚤”和完全成熟的自恋行为之间的区别。如果是“跳蚤”，你可以：1）意识到它不适宜；2）因此选择改变自己的行为；3）实现真正的改变。改变也许不容易，因为这毕竟是你根深蒂固的习惯，但如果是“跳蚤”，你可以继续努力，直到将它掐灭。

自恋狂甚至不可能走到步骤一！

你的问题很可能也只是“跳蚤”。在我看来，和自恋狂住在一起，不被传染一点“跳蚤”几乎不可能。如果你愿意的话，下一步可以审视一下自己的种种反应和响应，看看这些行为是否高效、适宜。也许还可以问问身边比较亲近的人，请他们亲切温和地谈谈你有哪些行为让他们觉得难以接受。

一旦你找到不适宜的行为，把它们纠正过来就好。不要认为自己是自恋狂，你迟早会成功摆脱“跳蚤”。我们有些人的行为模式已根基深厚，一时难以改变，不过无须担心，我们最终都能改变，配合运用 EFT 效果会更好。

07

伤在童年：你的程式化思维

我们在前面已探讨过被自恋狂抚养长大会对我们产生什么样的影响。等我们长大成人，后遗症仍然继续存在，这是因为我们有了程式化思维，而且会根据这些思维自动行事。我们的思维有如电脑程序，只要不设法改变，它就会原封不动，因此我们的行为模式也会一样原封不动。由此得出，行为模式导致的结果也势必原封不动。

不过我有一个好消息——正因为你的思维有如电脑程序，所以它是可以改变的。

具体原理如下：

婴儿出生时，大脑中的神经元并未相互连接。在婴儿期，他们得投入大量的精力，在这些神经元之间建立连接。

他们得了解这个世界的运作方式并收集相应证据，然后得出结论，再依此建立连接。

这个系统运行的效果非常好。举例来说，宝宝得在亲眼看到的狗和单词“狗”之间建立连接——这就是他们学习语言的方式。

有时孩子会得出错误的结论，这时你就可以看到这个系统的运行方式。小孩子可爱好玩，有很大一部分原因就在于他们会犯这样的错误。例如，我儿子 6 岁左右的时候，居然煞有介事地告诉我，法国人拼写单词的方式和我们不一样，因为他们把 the 这个词拼成了“ze”[①]。有一次他画了一艘海盗船，指给我看，“这是船长，再看这里——”他指着船员，“他们是兄弟们。”儿子看过刻板的海盗船长形象，那位船长总说：“啊嗬，我的兄弟们！”于是儿子得出了合情合理却失之准确的结论，他认为船员应该叫“兄弟们”！

如果孩子在关爱中长大，需求也得到了满足，她就会收集到相应的证据，得出合乎逻辑的结论——她是个珍贵、可爱、有价值的人。

相反，如果她得不到足够的关爱，经常被忽略、被羞辱，她也会得到与之相对应的结论。她完全有理由认为，得不到足够的爱是因为自己不可爱；被忽略是因为自己不值得被呵护；被羞辱是因为自己本来就卑劣可耻。

她之所以得出这样的结论而不是认为母亲心理病态或有缺陷（只是随便举个例子），原因不言自明。孩子当然需要父母善待他们。这是一个深层次的心理需求，而且合乎情理。父母是孩子的生存手段，因此他们必须认为父母温柔纯良、能干强大。所以，从某种程度来讲，所有相反的证据都必须采用相反的思维来诠释。

---

① 很多法国人读 the 这个词时，都会发 ze 的音。

鉴于此，这个孩子所能做的只有责怪自己，她为什么得不到关爱或呵护等温情？

这完全合情合理，不是吗？

作为自恋狂母亲的女儿，这的的确确就是我们的心路历程。我们根据证据来解读这个世界，来解读我们自己。我们根据证据得到了合情、合理、合逻辑的结论，只是这些结论从根子上就是错的。

你得不到关爱的真正原因并不是你不讨人喜欢，而是因为你母亲是个爱无能的自恋狂。

现在，你的理智可能相信我，但内心深处还是心存疑虑。你的大脑可能明白了这一点，但还是感觉不到。或者你的大脑甚至也不明白。这些都没关系。我要告诉你一个好消息，这些思维是可以改变的，真的可以改变。总有一天，你会明白，你身上的每一根纤维组织也会感知得到，你是讨喜可爱的，得不到关爱是你母亲的问题，与你无关。

还有一点也非常重要——既然我们的思维有时错得离谱，那就意味着我们的大脑会欺骗我们。我们习惯于信任自己的思维，但老实说真不该全信。大脑有时也很好骗。这正是自恋狂母亲能把我们骗得晕头转向的原因——如果我们的大脑总能精确地捕捉到事实，那她就绝不可能让我们相信她的版本就是不容置疑的版本。

综上所述，我们的思维乃至理念往往失之准确，这似乎有些邪门，但事实上的确如此。那么，我们的保障到底在哪里？

秘诀在于依据事实来衡量我们的思维。我要告诉你一个事实，一开始的时候你可能觉得它极不靠谱，但它却是真正的好消息，而且能为你带来强大的力量，它就是：

大脑里突然冒出的某个理念并不一定正确。

是的，你觉得正确无比。你当然会有这种感觉，但它不一定就不容置疑。我们的感觉会跟着思维走，因此每一种感觉的背后都有思维在操纵。

如果你因为不和母亲联系而内疚，那操纵你的思维就是：女儿不应该不联系母亲，所以我和母亲断绝来往是错的。但这种思维并不正确。女儿没必要和暴虐有毒的母亲联系。

如果你觉得应该给母亲寄生日卡，那操纵你的思维就是：女儿应该给母亲寄生日卡。那么，这种思维是正确的吗？

这种思维会引发负面的自我对话。我们的自恋狂母亲留给了我们诸多后遗症，其中之一就是负面的自我对话。它就像母亲的声音——她尖锐刺耳的辱骂声——嵌入了我们的大脑，久久不愿离去。那个声音针对我们的一切言行进行实况点评，而且它当然不是那种充满正能量、能激人奋进的点评，不是吗？

“噢，你真以为你能这样做吗？哈哈！”

“你这个不成器的东西，一辈子都不会有出息。”

“看，你又犯错误了！我真不知道你居然会蠢到这个地步。”

“你是个废物。”

“看你那张丑脸，没人会喜欢你的。”

诸如此类，等等。这支曲子的歌词有千万种，但它们有一个共同点，就是恶毒伤人。

更讽刺的是，你可能甚至意识不到这种负面的自我对话，真的。它变成了你身体的一部分，行动时快如闪电，不露声色，你很可能不知不觉就已中招。

你发现你的一言一行都在受那个声音的控制。你不敢申请心仪的工作，别人暗送秋波时你羞于回应，有喜欢的派对也不好意思去。你以无数种方式倾听那个声音，按它传递的消息行事。

可事实是，那个声音谎话连篇。我们的自恋狂母亲除了告诉我们弥天大谎之外，还会编织数以百万计的小谎。也许小得不起眼，但它们对你的杀伤力可一点都没减弱。

这些谎言都是她给你贴的标签。谎言的具体内容依情况而异，但它们都经过精心设计，只为吃定你，让你软弱可欺，牢牢地被她控制。

因此，像“你这个不成器的东西，一辈子都不会有出息”“你真是一点判断力都没有，成天净干蠢事”这样的话就属于这一类。

我敢打赌，你肯定能列出一大堆母亲对你说过的类似的话。

此外，我们在前面介绍自恋狂母亲的特点时已说过自恋狂是投射大师。鉴于此，这类谎言有时描述的其实是她们自己的特质，而非我们的特质，例如：

“你过于敏感了吧。”

“你真难伺候。”

“你这人太难相处了。”

所有这些贴给你的标签都属于小谎，而且它们都有一个临界点，这意味着所有的这些理念积累到一定程度，最终会形成你的“心理地图”，勾勒出你到底是什么样的人。

可事实是：

它们并不正确！

也许其中一两个标签有几分真实，例如你母亲传染给你的“跳蚤”，但它们并非你母亲敏锐观察的结果。她根本不会正眼瞧你，因此看不出你真正的缺陷，她能指出来只是瞎猫碰上死耗子罢了。毕竟一只停摆的时钟一天也能正确两次，碰巧而已。

所以，我们可以得出这样的结论：

从你母亲嘴里冒出来的话，一个字也不要信。她很可能什么都不懂，尤其对你是什么样的人更是一无所知。

她根本不知道你是谁！

她不会客观地看你。她对你毫不在乎。对她来说，你连人都不算（我这样说并非对你不敬，因为在她眼中所有人都不算人）。

因此，她对你是何等样人的意见绝对一无可取。

因此，你一个字也不用信。

当然，你得承认自己的缺陷和“跳蚤”，并设法予以纠正。但不要请母亲提供反馈，这种事情还不如找别人，例如伴侣或朋友，他们更值得信赖，而且会真心实意地把你的最佳利益放在心上。

从你母亲嘴里冒出来的关于你是何等样人的话，一个字也不要信。这是重点。

她提供的假象和错误思维会表现为一个小小的声音，即负面的自我对话，这一点我们已在前面探讨过。

你要做的第一件事是意识到这个声音。仔细倾听自己的内心，了解你得到了什么样的信息。这很可能是最困难的一步，你会一而再，再而三地失败——那个声音总能逃离你的意识觉知。

但这不要紧。记住，不完美不要紧。我们每个人最开始学习新技能时总不免笨拙愚钝，你有没有见过蹒跚学步的幼儿？她一次又一次地跌倒，但并不气馁，只是站起身再试一遍。渐渐地，她每次跌倒之前总能多走一步，积少成多之后，她便能行走自如了。学习所有技能都是这个道理，毕竟这是个新技能，你不可能一蹴而就。

你要做的第二件也是至关重要的一件事是——明白这个声音是你身体的一部分。是的，它是你母亲的应声虫，它的语气和声音很可能还会和你母亲的如出一辙，但它就是你身体的一部分。

更匪夷所思的是，它虽然是你身体的一部分，但它的存在是为了帮你。你身体的所有部分始终都在竭尽所能地帮助你，甚至包括那些对你有害有毒的部分。它很想帮你，只是用错了方法，因为它只知道这么多。它收到的信息只有这么一点，所以没法做到更好。

正因为它是你身体的一部分，是你的朋友，而且一直在设法帮你，所以不要恨它，不要对它发火，不妨对它温柔一点。

这个声音只是接收了错误的信息，仅此而已。由于接收信息错误，它无从了解你是什么样的人，但它不是你的敌人，它只是一个被误导的朋友。

因此，当你听到这个错误的声音传达出错误的信息时，不妨多加留意。留意它的信息。觉察到它，并有意识地关注它。

你可以这样对自己说："噢，我现在觉得自己不成器，一辈子都不会有出息。不过这只是错误思维在作祟。"

如能像这样客观地留意它，你就会将自己抽离出来。你不会沉溺其中，无条件地相信它，与它相依共生。你可以走到一边，做个理智的看客。

作壁上观之际，你可以审视、评估和辨别它是否客观真实。

这个时候，你可以温和而不失坚定地对这个声音说（仿佛对一只不听话的小狗狗）："我知道你想帮我，我很感谢你。但你说的话真的是错误的。这是错误的信息。我不可能一辈子都不会有出息。正确的思维应该是我可能会有一番成就。只是我们现在不知道而已，但值得一试。尝试是宝贵的，无论结果如何，在这个过程中，我都可以通过学习实现个人成长。我知道你想帮我，可你要知道，你的正确方式应该是给我以帮助和支持。"

你发现这种沟通方式的技巧了吗？它可以转换所谓的“事实”，将只有这个声音才相信的所谓“事实”转换为一个更新、更好、更真切的事实，而不是不合逻辑的假象。不要对那个声音说“你将来一定会成就辉煌”，毕竟那还是极其遥远的未来。所以不如制造一个客观实际、能支持你努力奋斗的“事实”，例如上述示例中的“事实”。

这个过程当然会起作用，但不可能立竿见影。内心中的负面声音转换为“事实”需要时间，毕竟它已根深蒂固，盘根错节。

要想迅速消除这些思维，我建议你参阅 159 页的说明使用 EFT。它根除负面思维的速度之快是你现在所不能想象的，而且能把它们替换为客观真实、可为你赋权的思维。

错误认知带给我们的快乐

我在这里要和诸位分享一个至关重要、极富颠覆性的理念，它就是：

错误认知真美好！

你希望自己有什么样的错误认知？

- 我以为我不讨人喜欢，我错了。
- 我以为我过于敏感，我错了。
- 我以为我疯了，我错了。
- 我以为我欠她很多，我错了。

· 我以为我不够好，我错了。

· 我以为她能够掌控我，我错了。

诸如此类，等等。事实上，身为自恋狂母亲的女儿，你和我有许多错误认知。这不足为奇，因为我们这一辈子都在被灌输赤裸裸的谎言（正常人本来就容易对事实判断错误，产生误解，被灌输谎言无异于雪上加霜）。

每次发现自己有错误认知，你就有机会得以成长。这意味着你能够得以提升，变得更强大、更睿智、更美好，超越过去的自己。这种好事可永远不会发生在你的自恋狂母亲身上，因为她永远不会错，永远不可能像正常人一样成长。

事实上，我们这辈子要想有所成就，就必须允许自己犯错，允许自己有错误认知。创造是一片混沌，它是一个排除和试错的过程。所以没关系！我们越能坦然地犯错，就会变得越强大。

但是……

犯错让人觉得惴惴不安，不是吗？

我认为这是因为自恋狂母亲的弥天大谎在作祟，她总对我们说，我们必须完美无瑕才能赢得她的爱。

当然，害怕犯错是我们的另外一个错误认知！一旦犯错不再让你浑身不自在，你就能摆脱母亲的魔咒。只是说来容易做起来难，对不对？它就像用鞋带把你拉出深渊！

呃，还是那句老话，EFT 是完美的解决方案，具体请参阅 201 页。我用 EFT 针对这个问题做了许多练习，效果之神奇简直难以描述。如今我已差不多摆脱了“我执”[1]，不再要求自己伟大光明正确。当然，我还是宁愿事事正确！我会尽最大努力做出正确的决策、得出正确的结论、收集正确的信息等——因为这会使我的生活更轻松，品质更高。总之，这无论如何也不会使我变成一个粗心大意的人。

但与此同时，我始终敞开心胸，接受我会犯错的可能性。发现自己犯错的时候，我不会感觉很受伤。我不会因为犯错就觉得自己很没用。我可以摆脱错误的想法或思维，不给自己留下任何创伤，就像扔掉一双破烂不堪的鞋子一样坦然，然后再穿上一双漂亮合脚、锃亮闪耀的新鞋。犯错针对的是我做的事，而不是我这个人。因为，它并不能说明我这个人有问题（就像做了正确的事并不能代表我这个人完美无缺一样），所以犯错后我可以心安理得地承认错误。

我希望你也能有同样的体验，老实说，如果能做到这一点，你可以无所不能。我们所有的烦恼、自挫性行为、恐惧和局限归根到底都是负面思维在作恶，我们摆脱错误思维越轻松，培养正确的全新行为模式就会越顺利，提升生活品质也会越容易。

提升生活品质正是我们所要的全部，不是吗？

提升生活品质。

---

① “我执”是佛教用语，又名“我见”。所谓“我执”，是指人们固执地认为存在一个“能自在主宰的实我”；由于本来无我，却妄生执着，处处以我为中心，便产生了种种烦恼。从世俗的角度来说，“我执”是指人类执着于自我的缺点，包括：自大、自满、自卑、贪婪……或者自我意识太强而缺乏集体意识和奉献精神，或者太关注自己而忽略他人等。

第二部分

如何疗愈你的创伤

你没有缺陷无须修补；

你只是受伤需要疗愈。

关于疗愈

既然你已经意识到母亲带给你的种种后遗症，现在是时候考虑疗愈了。你遭遇的不幸——即自恋狂母亲（或父母）带给你的伤害——并不是你的错，但你有责任疗愈自己（当然，如果你决定要疗愈），修复并非你导致的创伤。我们不得不料理这些后事，这要花费大量的时间和心血，好不容易才抵达大多数人的起跑线，这实在太不公平了。但这就是后遗症带给我们的现实。

写到这里，我真希望我提供的信息能帮助诸位了解你们的过去，以及被自恋狂母亲抚养长大所带来的心理阴影。不过，我坚信这些知识并不仅仅是书本理论，我亦坚信我们可以疗愈自己。生活在这个时代，我们真的很幸运，现在有各种方法可以帮我们自我疗愈，其速度之快是前人无法想象的。

我意识到对我们这些自恋狂母亲的女儿而言，有两个阶段对我们的治疗至关重要。第一个阶段是说出真相。在我们有毒的母女关系中，这绝对是禁区。可以说，我们只能拥有母亲提供的简化版的真相。我想，我们有必要说出真相，表达出这样的中心思想："是的，它真的发生过。无论母亲如何撒谎、如何使用煤气灯大法、如何编造扭曲事实，这就是已发生的铁一般的真相。”

第二个阶段，是说出真相后坦然放下。现在，你可以决定要在第一个阶段停驻多久。你也许需要说出真相多达好几次，可问题在于，你可能深陷受害者的身份而无法自拔，这很危险。你不会得到自信和力量，生活也不可能有任何改善。

因此，我希望我在这里分享的信息既能成为鼓励诸位放下过往、治疗心伤的忠告，亦能当作理想的疗愈工具。

你真的应该尽可能过上最美好的生活，过上她蓄意剥夺、不让你享受的生活，因为你值得。

人们说，最好的报复是幸福，真可谓至理名言。

说了这么多，下面我将与诸位分享如何找寻幸福的一些想法。

08

揭开真相

我建议你写下自己的故事。

手写的效果好过打字或口述。手写的动作蕴含着神秘而强大的动觉力量，它会让你的笔端直接抵达潜意识。如果你出于身体原因无法手写，打字当然也可以，但这是一种退而求其次的选择。在这个阶段，我不建议只用嘴说出真相，因为它产生的身体动作太少，无法产生足够的动觉力量。

因此，请给自己准备一个笔记本。最好买那种最便宜、最普通的本子，不要买封面精致的高档货，因为它会命令你不要辜负它的格调，所以你不得不写华丽的和充满诗情画意的语言。记录的重点是“全情投入，我手写我心”，书写时必须心情轻松，挥洒自如。

不过，如果你不知道如何下笔，那该怎么办？如果你对着笔记本但一个字也写不出，那又该怎么办？呃，我推荐一个名为“自由写作”的流程。你可以准备一个定时器，设定 15 分钟，然后坐下开始写，下面是最关键的一点，15 分钟内不许停下来！不过同样关键的是，写什么并不重要。你甚至可以不带脑子，只管不停写；即便这 15 分钟你只是把“我不知道写什么，我不知道写什么”写上无数遍也不要紧。

不过这种情况极不可能发生。一般来说，你往往会接通潜意识，然后笔下的字就会自动涌出来。最后，笔记本上可能会出像下面这样的句子（注意：由于思绪如泉涌，句子缺少标点符号）：“我不知道写什么我不知道写什么我应该写我母亲但我对她很无语无从下笔我想我应该写她是个泼妇我应该写我恨她入骨，但我不能这么写，咦，为什么不呢？这本来就是事实，看看我从小她是怎么虐待我的，有一次她……”

你可以看到你大脑的各个区域是如何相互博弈的吗？在这个例子中，你开始承认她是个泼妇，以及你恨她；接下来你屏蔽自己的恨意，不过最后你还是打开了情绪的闸门，允许自己继续写下去。

现在我有必要强调一下，这只是一个例子！书写真相的方法并无对错之分。我知道身为自恋狂母亲的女儿，我们很容易对自己百般挑剔，动不动就用一些不可能达到的标准来苛求自己。因此，做这种无对错的练习可能让我们提心吊胆，紧张不安。但说老实话，做这个练习，你能犯的唯一错误就是停止书写。一旦你开始动笔，信马由缰，自由挥洒，你就做对了。这是两个版本的你之间开展的对话——它怎么可能错？

一般来说，在思路开启之前，你不可能用上好几个 15 分钟没完没了地只写“我不知道写什么”。如果你的大脑中有一道深锁真相、戒备森严的大门，这种情况还是有可能发生的。不过贵在坚持——这个练习蕴含着极大的自由和力量。

当然，这个过程可能充满艰辛。一路上有痛苦有心酸；触发的记忆不一定甘美甜蜜。呃，它们很可能无法甘美甜蜜。写字的时候如果伤心难过，我建议还是尽可能忍着心痛继续写下去。接受这种痛苦，允许它存在。如果实在心痛得不能自已，停下来休整也无妨，建议运用 EFT 平复心情。EFT 是一款强有力的疗愈工具，这些年你一直将种种情绪深埋隐藏，现在突然翻出来，感受它并承认它的存在，也许你需要 EFT 的帮助治疗心伤，放下过往轻装前行。

09

可以原谅她吗

我在这里探讨原谅她，仅仅因为原谅是疗愈你的一个因素。不过原谅是一个沉重的话题。

记得最后一次同母亲对话时，她的脸紧绷如铁板，眼神凌厉无比，她说："你肯定不会原谅我们。"她的潜台词很明显，因为我以前已听过无数次，"你这人小气刻薄，有一点不快就记恨一辈子"。这话当然大错特错，其实她的潜台词应该是这样的："你必须忘记我们犯下的所有罪恶，乖乖听我们摆布，任由我们继续欺凌你。"

我直截了当地对她说："如果你的'原谅'指的是允许你们继续虐待我，那你说对了。我的确不会原谅你们。但我真的是一点也不记仇。"不用说，她根本不搭我的话，这是典型的自恋狂风格，她只是一味地重复："你肯定不会原谅我们！"

她说得对吗？我是否该原谅她和父亲？"原谅"到底意味着什么？

自恋狂母亲的女儿常常会遭遇这个问题，它令我们深感困扰。这里有两个挑战。第一个挑战是这样一个问题，自恋狂是否能控制他们的行为？如果不能，我们是否应该因为他们犯下自己所无法控制的错误而责怪他们？举例来说，有妥瑞氏综合征[①]的人行为怪异，正常人如果像他们那样我们肯定会怪罪，但对于妥瑞氏综合征患者我们会包容。妥瑞氏综合征患者骂人不需要我们原谅，因为这是他们无法控制的，他们骂人并无恶意。同样的道理当然也适用于自恋狂，如果他们无法控制自己，那又该如何？

因此我们得回归问题的本源——他们是不是可以控制自己？

这是一个刁钻的问题。答案是“是也不是”。

首先，自恋人格障碍不能成为法律上的辩护理由。它不是精神病。自恋狂完全知道自己在做什么，所以是的，他们可以控制自己。他们只是不明白或想不通为什么要控制自己。鉴于此，我的答案是“是也不是”。

网络论坛上有为数不多的几位自恋狂承认他们有自恋情结，看他们谈论自己的人格障碍，真让人大开眼界。据他们介绍，在接受自己的自恋情结之前，他们实在想不明白别人为什么看不惯他们的言行举止。他们觉得别人太过感情用事，不该指责他们；他们认为别人有问题，不该自命不凡，高高在上。不过，这些自恋狂接下来说的话倒让我心头一震，他们说即便认清事实，他们也不会有任何改变。现在他们在理智上承认自

---

① 妥瑞氏综合征是指以不自主的多发肌肉抽动和猥亵性言语为主要临床表现的原发性锥体外系统疾病。这种病一般在幼年出现，常以简单的抽动开始，逐渐发展为突发的复杂运动，包括声语抽动和突然出现的痉挛性呼吸。声语抽动的最初表现为喉鸣或喊叫，之后则可发展为强迫而不自主的咒骂。

己的确伤害了他人，但仍然持无所谓的态度。这一认识对他们毫无影响。它只是一个事实，但对他们无关紧要，当然不可能让他们在言行上做出任何改变。

我只能隐约揣摩出一点点自恋狂的心态，我想我的解释任何一位非自恋狂都能看懂。我是这样理解的：昨天的报纸一旦对我毫无用处，我就会毫不犹豫、冷酷无情地将它扔掉。我不会停下来体谅一下报纸的感受。我为什么要体谅？报纸什么也不是，它无欲无求，因此在这个等式中我只需在乎我的需求。既然这样，我就可以果断干脆地把报纸扔出客厅，好让屋子干净整洁一点。

在自恋狂的眼中，他人就和报纸一样，没有价值也没有权利。当然，他们不会明确地承认这一点。我在前面已经说过，他们毫无自省精神。但这就是他们的心态。

因此，从理论上来讲，我可以对报纸好一点，多尊重它一点。我可以控制自己对待报纸的方式。但我选择不控制，因为纯属多余。

根据我最乐观的猜测，这和自恋狂的心态如出一辙。

我只是扔报纸而已，需要被报纸原谅吗？龙卷风把小镇撕得粉碎，它需要被原谅吗？幼儿在墙上胡乱涂鸦，他需要被原谅吗？

从某种意义上来讲，这些问题都相当荒诞，不是吗？无论报纸、小镇或墙面受到了多大的伤害，这里都不存在犯罪行为。因此，原谅毫无意义。

也许这个道理同样适用于自恋狂。

我们不原谅她，这并不是因为我们记仇，而是因为在这种情况下，原谅是一个不相关的概念。

我们也可以从另外一个角度来看："原谅"这个词其实相当模糊暧昧，它有几种意义。

第一种是"免偿债务"。你母亲苛待了你，毫无疑问，她欠你一笔债。这笔债不一定与钱有关（不过，嘿，看心理医生可不便宜），但肯定是一笔无法抵赖的债，一笔应设法偿还的债。可事实是，她根本不认这笔债，而且无意偿还，将来也绝对不会还。可以这么说，你只能将这笔债一笔勾销，免除她的债务。这意味着你得接受母亲永远不会弥补她的过错——你只得选择放过，冷静而贤明地接受这一切。做到这一步委实不易，但我建议你不妨一试，因为它能让你获得释放。

"原谅"的第二种意义是"停止怨恨"。还是那句话，如果你能做到这一点，便会收获巨大的能量。怨恨是你和她之间的纽带，切断这一纽带能让你获得释放。怨恨是横亘在你心里甚至你体内的一个怨结，它对你没有任何好处。从这个意义上来说，你越能原谅她，化解怨结也就越彻底。是的，她不值得被原谅。不过原谅不是为了她，而是为了你自己。

第三种意义就是人们常说的"这没什么大不了"。自恋狂母亲的女儿完全有理由抵触这一种意义。这可不是"没什么大不了"。她的所作所为完全大错特错，这一点无论如何也改变不了。你绝对不需要说服自己把她洗白。

自恋狂母亲的女儿拒绝原谅母亲的另一个原因是她们认为，原谅意味着允许母亲重新介入自己的生活。原谅可绝不是这个意思。你可以在一个安全的距离之外原谅。原谅绝不意味着你必须屈服于更多虐待。这是我母亲的误解，我可不会配合她。

是的，如果有人做了错事伤害了你，他们事后追悔莫及，对你真诚道歉，还采取了适当的补救措施，你知道他们幡然悔悟，以后决不会再犯，那么在这种情况下，原谅可以，包括恢复你们的关系。但这种情况并不适用于自恋狂母亲。

总而言之，我认为在第一种和第二种意义上原谅她们是一个值得为之奋斗的目标，因为它能治疗和释放我们。我们这样做是为了我们自己，因此百利而无一害。第三种意义永远都不可能适用于我们。没有任何一种意义意味着我们得允许她继续虐待我们。

不过即便是第一种和第二种意义，我也认为它们没必要成为一个死板的目标，否则一旦我们无法达成，便会徒增不少压力。在我看来，原谅是我们自我疗愈的一个有效的最终结果，也许我们原谅她的程度可以精准地体现出我们自我疗愈的进度。

我们还可以用另一种方法描述原谅：放弃她能有所改变的希望。换言之，弃绝任何与她有关的贪嗔痴，不再指望她能成为你理想的母亲，亦不再期待你能拥有理想中的母亲。也许这听起来有几分佛教的意味，从某种方式上来讲的确如此，但只是巧合而已。佛教徒说贪、嗔、痴三毒为一切痛苦的根源，这话说得对极了。所有痛苦均源于我们希望现实能有所改变。我们越能淡定坦然地接受现实的原貌，承受的痛苦自然就越少。

10

心理治疗

多年以来，我一直都没有尝试过心理治疗。部分原因在于文化，因为心理治疗在我那个年代、在我住的那座城市并未普及。另外一部分原因则在于我觉得自己天生有缺陷，无论如何都是修补不好的；此外也有我从小就学会事事靠自己、不依赖他人的因素在作祟。为了使自己安然无恙、完整无缺、快乐愉悦，作为自我疗愈的一部分，我做了许多 EFT 练习（目前我尚未达到安然无恙、完整无缺、快乐愉悦的状态——这仍然是一段旅程，一个过程）。

但同事“光明”（她是 lighthouse.org 上的名人）建议我尝试心理治疗。她说我会从中得到我无法想象甚至不敢奢望的神奇魔力。

我依言行事，效果立竿见影。他人的印证给了我巨大的笃定感，这种感觉我很难自给自足。此外，从一个健康、客观的角度看自己也能给我许多启发。举例来说，记得有一次心理医生说我对自己太过苛刻，让我顿生醍醐灌顶之感。我一直以为我对自己太过宽容，因而放纵任性得不像话！这是一个很有意思的角度，使我极大地改变了对待自己的方式。如果没有心理医生，我永远都不可能获得这样的体验。

不过心理治疗必须对症，心理医生也必须专业可靠，毕竟这一行良莠不齐、鱼龙混杂。“光明”给了我几条寻找高水平心理医生的建议：

· 货比三家，不要怕难为情。不能捡到篮子里就是菜，联系的第一位心理医生无论投缘与否，不一定非要敲定他或她。找到合适的心理医生至关重要，因此必须精挑细选。先和他们电话联系（如果他们日理万机，无暇拨冗与你电话沟通，请立马走人。这种情况我已遇到过好几次）。

· 相信你的直觉。如果你不喜欢他们，或他们让你感觉不自在，那么就不要再考虑。心理医生有责任和你建立和谐的关系，让你放松自在。如果他们工作到位，你应该立刻感觉得到。好的心理医生不仅能让你畅所欲言，还能在你难以启齿时加以引导，让你整个人感觉很舒服。我联系的许多心理医生都喜欢自卖自夸，他们的长篇大论中压根就没提到我。还有的心理医生说他们能答疑解惑，可等我告诉他们我甚至不知道问什么问题时，他们就把我晾在一边心乱如麻。最后我遇到了一位非常棒的女心理医生，当我说不知如何开口时，她一下子就能打破僵局，一路循循善诱悉心“引导我”，而不是居高临下、专横傲慢。

· 这一点非常关键：你的心理医生一定要懂自恋人格障碍。不懂这种心理疾病的心理医生的数量事实上多得吓人。因此，你在电话面试中一定要问他们是否知道自恋人格障碍，如果他们的答案让你不满意，马上找下一个。我们论坛中就有一些失败的例子，有的心理医生明显不懂自恋人格障碍，他们还要求自恋狂母亲的女儿与母亲重新建立联系，并否定她们的痛苦。

· 了解心理医生持有什么样的专业证书以及这些证书的意义。记得事先做一些这方面的功课。

· 最重要的是，不要让他们否定你本人，否定你的痛苦或意见。你来看心理医生，正是因为你这辈子都在被人否定。你已经受够了，不再需要更多。这并不是说心理医生不能提供不同视角——事实上，要帮助你轻装前行，他们必须如此，只是提供不同视角的同时他们没必要否定你当前的视角。你要寻找的反馈应该是这样的："我完全理解你为什么会这样想；这和你的遭遇完全相符。不过，你有没有想过可以从另外一个角度看问题？"——而不是"你这样想是不对的"。

· 提问有两个好处：你不仅能得到答案，而且还能观察心理医生的反应。不要只听心理医生说什么，他们的反应也非常重要。心理医生是否反感你提问？他 / 她是否有耐心？是否对你表示轻视？是否摆出高高在上的架子？如果有这些反应，差不多可以直接拉黑。不要多废话，马上走人。

· 实际面试他们的时候，你可能会惶恐不安。考虑到你的成长环境，有这种反应也实属正常。不过你得尝试一下，视这种试探为一项新技能，一种生存于世的全新行为方式。现在的你正处于蜕变之中，这是非常关键的一步。

· 还有一点也请注意——转身走人不需要理由，想离开直接走人便是。你不需要向自己或任何人解释你为什么没有选择某位心理医生，感觉不对劲就找下一个。

· 不妨视这种关系为恋爱求偶。你得先处几个“对象”（即约会），看看是否处得来，然后再正式确定关系。

· 引用一句“光明”的话：除其他方面之外，一位靠谱的心理医生应该让你：

感觉被认同

感觉被倾听

感觉被理解

感觉很安全

感觉很自在

感觉心意相通

偶尔有被挑战感，但绝不会让你感觉到威胁

感觉被看见，感觉原原本本的你能被诚心接纳。

你也许需要一段时间才能找到靠谱的心理医生，不过多花一点心思还是非常值得的，选对了人会让你有豁然开朗之感。

11

EFT——情绪释放法

多年以来，我一直在努力寻找疗愈的方法。当然，在认清自恋人格障碍之前，我差不多一直认为疗愈意味着修复破碎的我，而不是治疗伤痕累累的我。不过这没有关系，因为治疗的手段和它带来的顿悟之感仍然还是非常有效的。

我想与诸位分享的主要工具是一种名为 EFT 的神奇疗法。EFT 的全称是“情绪释放法”（Emotional Freedom Technique），它的功效如其名所示，即提供情绪上的释放。这种方法能真真切切地消除我们对特定事件的所有负面情绪，使我们回忆时能够完全冷静客观。此外，它还能消除母亲深植于我们心底的那种错漏百出、有局限性、使我们自卑拘谨的思维（具体请参阅 132 页的程式化思维）；这样一来，真实客观、积极向上的新理念才能在我们心底落地生根，或者至少有这种可能性。

注意：EFT 用于自救的效果非常好，所以我才会在这里推荐给诸位。但有时你的问题比较严重，或你的经历太过惨痛，仅凭一己之力运用简单的 EFT 也许力有不逮。因此，如果 EFT 对你不起作用，那么我建议你找一位 EFT 执业师帮忙配合。

我在这里分享的知识毕竟有限，实际操作的范围远不止这一点。两者之间的差别有如急救（我们可以自行处理，就目前而言还是非常有效的）和大手术（有时得做伤筋动骨的大手术，这时就需要专业人士介入）。话说回来，EFT 还是非常值得一试的，一般情况下，它对大多数人都能奏效。

此外，EFT 安全可靠，相对较温和，即便如此，我还是有必要强调一下，你使用 EFT 得后果自负。这一过程会让你心痛流泪，就像刺破脓肿会流脓，弄得一片狼藉。无论是使用 EFT 还是刺破脓肿，都意味着有毒素存在。你只有通过治疗才能把毒素暴露出来，狼藉或混乱只是暂时的，暴露出来后便能轻松清除干净。在 EFT 术语中，“清除”意味着抹去伤痛，只留平静。

EFT 的操作非常简单，只需在倾诉问题的同时轻击面部、手部和上身的特定穴位即可。

你也许心存疑虑，我完全可以理解，我第一次听说时也不信。但我请你先保留意见，试一下之后再来决定。EFT 不是信仰疗法，即便你不信，它也能起作用。你只需保持开放的心态尝试，先看看结果再说，再说也有许多研究可以证明它的功效。如有兴趣，不妨在搜索引擎中输入“EFT 研究”，你可以找到许多最新的相关链接。

EFT 说明

如果问题是刚刚发生的，让你现在就很郁闷——例如，刚刚和母亲通完电话，你挂上电话后沮丧悲愤，心烦意乱（这是和母亲交流后的正常症状）——这时就可以按顺序轻击穴位。你什么都不用说（如果你想说也可以），只需按顺序反复轻击即可。下面我会介绍具体的轻击方法，你也可直接访问 http://daughtersofnarcissisticmothers.com/eft-instructions.html 观看视频。

另外请注意，轻击的时候呼吸也很重要。尝试从腹部呼吸，不要采取紧张时容易采取的胸腔呼吸方式。几分钟之后，你会冷静下来，压力渐渐消失，整个人重归平静。你不再因为母亲的话而心烦，甚至可能还会被她给逗乐了。

事实上，无论何种原因，只要心情不佳都可以运用 EFT。这是一种立竿见影的工具。如果你开车差点撞到人，或担心即将到来的工作面试，请使用 EFT。此外，你还可以将此法用在孩子身上，如果他们心情不佳，只需轻击他们的相应穴位即可。

不过，EFT 通常用于解决老问题，例如对我们造成创伤且伤害仍未消除的记忆和事件等。在这种情况下，我们先得找出问题，然后再消除某个特定事物造成的伤害。

EFT 对特定的事件最有效，例如“我 6 岁生日时妈妈扇我耳光”——而不是针对一个笼统的事件，例如“我母亲总对我很刻薄”。话说回来，缓解笼统事件带来的负面影响也不是不可以，只是进展显然会比较缓慢，几乎感觉不到，所以在看到任何效果之前你可能已经放弃。俗话说得好，吃掉大象只能一口一口地吃，这一规则同样适用于这里。

我指的特定事件是那种回忆起来还能让你困扰的事件，如不再为它困扰，那么就不需要治疗。你可以给这种困扰一个评分，0 表示“这件事完全不会困扰我”，10 表示你能想象的最高级别的困扰。

现在我们来做练习，选一个评分至少为 8 的事件。无论负面事件的影响有多小，EFT 都可以消除，不过为了练习和测试效果，我们还是选一个评分较高的事件比较好。

以下是穴位图。请注意，虽然下图只标注了身体其中一侧的穴位，但轻击另一侧的穴位同样有效。

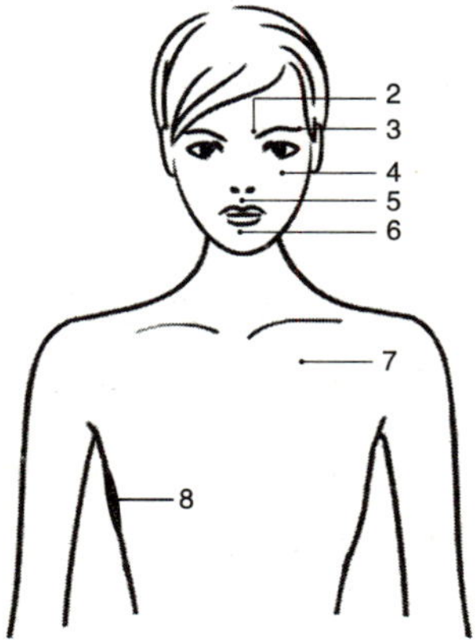

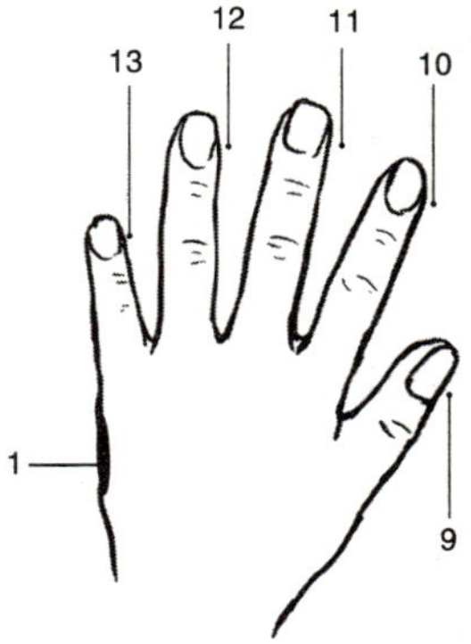

编号	穴位名称	描述
1	手刀点	小拇指与手腕之间的部位——练空手道以手为刀时就是用这个部位劈木头
2	眉头	位于双眼之间的眉头之上
3	眼侧	眉尾之上
4	眼下	眼睛正下方的颧骨边缘
5	人中	鼻子和上唇之间的浅凹部位
6	下颚	下唇正下方与下巴之间的部位
7	锁骨	锁骨正下方
8	腋下	腋窝下方大约与乳头齐平的部位
9	拇指	拇指指甲处（靠身体一侧）
10	食指	食指指甲处（靠身体一侧）
11	中指	中指指甲处（靠身体一侧）
12	无名指	无名指指甲处（靠身体一侧）
13	小指	小指指甲处（靠身体一侧）

现在，你已挑选好特定问题，可以参照穴位表操作了。

接下来，请轻击手刀点，将下面的话大声说三遍（当然，这只是我的例子，你练习的时候可以换成你自己的问题）：“虽然她在我的生日派对上扇了我耳光，但我仍然会全心全意地爱自己，接纳自己。”

我知道这样说也许很难，因为你可能无法在内心深处全心全意地爱自己、接纳自己，但无论如何还是得说。你不必真心相信，只用动嘴说。

然后轻击剩下的每一个穴位，每个穴位轻击 7 至 9 次（只是一个估计的数字，因为轻击的时候你会想问题，不会一门心思地计数）。轻击的时候别忘了说出你的问题，例如，“她在我 6 岁的生日派对上扇我耳光”。

如果你嫌麻烦，最简单的方式莫过于重复描述你的问题。不过扩展一下你的描述效果会更好，这样一来会有一种全新的知觉自动涌入你的脑海。你可以自由发挥，例如像这样扩展描述：“她在我 6 岁的生日派对上扇我耳光——这不公平——我不应受到这样的对待——她毁了我的 6 岁生日——这太过分了——她怎么能这样对我？——我恨她。”

如果不知道该如何自由发挥也不要紧。你只需重复同样的描述，EFT 会自动发挥作用。我说的扩展只是一个建议。

等你轻击完每一个穴位之后，就完成了一轮。这时可以再来一遍，一共做三轮。

现在，你可以重新衡量你对这一问题的困扰程度，看看你的评分是多少。你的困扰程度一般来说会有所减轻，也许开始的时候是 8，现在降到了 7 甚至 6。如果是这样，你就走对路了。接下来可以再做三四轮，然后检查一下进展情况。这时你的评分可能只有 3，继续练习直到评分为 0。

针对生日派对的问题轻击穴位时，其他痛苦的回忆很可能也会自动浮现。如果是这样，请马上停止轻击，将这些问题写下来，再回头继续对付最初的问题，直到解决为止。接下来再

解决其他的问题。

还有一种可能，那就是你的评分反而上升了。出现这种情况完全无须担心，这只是因为你把问题掩埋压抑了许久，一旦翻出来，曾经的种种困扰全部涌上心头，这时可以继续轻击穴位，评分应该会开始下降。

另外一种可能是无论你怎么轻击穴位，困扰一点都没减轻。那我建议轻击不能超过五轮——如果在这期间仍无丝毫好转，则需要另想办法。你可以尝试以下几种方案。

第一种是最简单的，喝一点水，确保体内水分充足，这对EFT能否起效至关重要。起身走动一下，做做伸展运动。然后再试几轮，之后你的问题就能够解决。

如果还是毫无进展，可能是有什么因素阻碍了治疗的进程。所以，不妨试试205页的心语“击走阻碍疗愈的绊脚石”。运用EFT心语可帮助你成功实施EFT，这似乎与直觉相悖，但这是EFT的一大优势之一，我们可以用它来做“药引”！

如果还是不起作用，也许应该联系当地的EFT执业师，毕竟他们专业知识过硬，能帮你深挖出阻碍治疗的因素。不过在大多数情况下，你不会走到这一步。

另外也请注意，在问题完全解决之前，你可以停止EFT——比如说你时间紧迫要做别的事。尽管如此，请务必记住一点，不要在心情不佳的时候停止EFT——有时痛苦太过强烈，你也许会忍不住将它重新封印，转移自己的注意力。不要坠入这样的陷阱，不要让自己承受戛然而止、半途而废的创伤。如果你已将评分从 8 降到了 4，而且这时的确有事必须停止，那也没问题。下次有时间接着再练习。

你甚至可以运用 EFT 治疗严重的感情创伤（还是那句老话，风险自负。不过这个过程极其温和，应该不会引发任何问题）。

治疗感情创伤的秘诀在于运用隐喻，因为我们的潜意识与隐喻是绝配。

你需要这样做：在你的想象中，将引发感情创伤的事件放入一只结实的木盒中，盖上木盖，再将钉子钉入木盖。然后把木盒放入另一只不锈钢的盒子，盖上不锈钢盖，用一把牢固的挂锁锁上。再将不锈钢盒放入一只水泥箱，盖好密封。

然后抬头远眺，远处有一座大山。运用你的魔力，（如果愿意的话也可以用望远镜！）你可以清清楚楚地看到山顶。那里有一个洞穴，洞口边还有一块巨石。再运用更多的魔力，将水泥箱放入洞穴，用巨石将洞穴堵上。

现在，我们可以逆向想象。想象那只水泥箱安然无恙地躺在洞穴中，然后衡量这只水泥箱让你心烦的程度。不要纤毫毕现或原原本本地回忆特定事件，只用想着那只水泥箱。你的潜意识知道它代表着什么。如果这时评分大于 0，请一边轻击穴位一边说这句话："即便这只水泥箱仍然存在，我还是会全心全意地爱自己，接纳自己。"

我知道这似乎毫无意义，但它却能发挥作用。你这句话的真正意义是，"即便那只水泥箱代表的重大创伤仍然存在，我还是会全心全意地爱自己，接纳自己”，但说简单点也没关系，潜意识听得懂。

因此，你可以一边运用 EFT，一边念这句话，直到想起洞穴中的水泥箱时，你的困扰程度只有 0。

现在，只是想一想把巨石移回去的可能性，你不需要真正把它移开。现在你感觉如何？是不是压力陡增？现在评分是多少？在这个过程中，理想的情况是每次一想象，焦虑程度只升至 3 到 4 分。我们的目标是保持温和，尽量不给你造成任何创伤。不过如果你的评分飙至 4 分以上，那就需要把故事倒回去，即停止想象把巨石移回去的画面，重新一边轻击穴位，一边念前面那句关于水泥箱的话，几分钟后再测试焦虑程度。

这时，你每次一想到将巨石移回去，得分便可以稳定在 4 以下。你可以再一边运用 EFT，一边念：“虽然把巨石移回去对我来说还很危险，但我还是会全心全意地爱自己，接纳自己。”

继续念这句话，继续轻击穴位，直到内心完全恢复平静、想到将巨石移开时困扰程度达到 0 为止。然后就可以放开手脚了——现在请将巨石移开。不过这个时候只需运用一点魔力，你仍然位于山脚，离洞穴还非常远，所以无比安全。

好了，巨石渐渐移开了。现在你感觉如何？也许水泥箱重见天日，你会感到压力一阵阵袭来。如果是这样，请轻击穴位：“虽然洞穴现在已打开，但我还是会全心全意地爱自己，接纳自己。”继续轻击，直到想象水泥箱重见天日时你的压力程度只有 0 为止。

接下来请想象将水泥箱移出洞穴、带至洞穴口的画面。还是同样的程序：如果一想到这个画面，你就压力陡增，请轻击穴位并跟着念，“虽然我不敢将水泥箱移至洞穴口，但我还是会全心全意地爱自己，接纳自己”，直到压力消失为止。这时，你可以将水泥箱从洞穴中移出来，放在洞穴口。

接下来你可以一点一点执行以下步骤，运用 EFT 法将每一个步骤所带来的困扰程度降至 0：

- 想象将水泥箱移至山脚的画面。
- 真正将水泥箱移至山脚。
- 想象将水泥箱从山脚移至你面前的画面。
- 真正将水泥箱从山脚移至你面前。
- 想象撬开水泥箱的画面。
- 撬开水泥箱。
- 想象取出不锈钢盒的画面。
- 取出不锈钢盒。
- 想象将挂锁从不锈钢盒上取下来的画面。
- 将挂锁从不锈钢盒上取下来。
- 想象打开不锈钢盒的画面。
- 打开不锈钢盒。
- 想象将木盒从不锈钢盒中取出来的画面。
- 将木盒从不锈钢盒中取出来。
- 想象把密封木盒的铁钉拔出来的画面。

· 把密封木盒的铁钉拔出来。

· 想象打开木盒的画面。

等想象木盒打开、你必须直面问题本身的这样一幅画面时你的压力降至0之后，就可以真正打开木盒了。这时请打开木盒，看看自己的感觉。这个时候你应该发现，你的任何困扰或创伤已降至最低。虽然你轻击穴位时一直针对的是洞穴和盒子或箱子，但其实是在运用隐喻的力量治疗负面事件带来的创伤。

也许到了这个时候，负面事件带来的困扰只有2或3分。你可以继续针对真正的问题轻击穴位，直至将困扰完全抹除。

这一整套如婴儿学步般的步骤也许有点啰唆冗长，但不妨比较一下传统的心理疗法达到这个效果要花多长时间。要知道，运用EFT一般不超过两小时。当然，这个流程可以化整为零，你不需要一次把它全部做完。

静心流程

这是一个卓有成效的练习。你需要一张纸，写下迄今为止令你困扰的每一个事件，然后给每一个事件评分。再然后，在几个月的时间里，运用EFT进行自我疗愈，每天消除一两个事件带来的创伤。这意味着随着时间的流逝，你背负的过去的创伤将会逐渐化解于无形。

运用 EFT 化解局限性思维

请参阅 132 页有关程式化思维的信息。

一旦你找出负面思维，请把它当作你轻击穴位时念的语句。例如："我一辈子都不会有出息。"

或者，如果你不知道你的局限性思维是什么，不妨直接针对阻碍你的问题轻击穴位，例如："我没法给潜在客户打电话。"这样一来，隐藏在问题下面的思维会迅速跃入你的意识，例如你认为自己一辈子都不会有出息，所以觉得尝试甚至毫无意义。

只需继续轻击，观察内心的反应。很可能一时间，千头万绪齐齐涌上心头。

当你开始轻击说"我一辈子都不会有出息"时，你会感觉这真切得像铁板钉钉的事实。它一点没错。你就是这副德行。你发现自己甚至会连连点头。

但与此同时，你可能会有百愁千感堵在胸口。举例来说，你可能会难过得不能自已，毕竟"知道"自己一辈子都不会有出息不是什么快乐的事。因此，你可以更改轻击穴位时的心语："我一辈子都不会有出息，为此我难过得不能自已。"如果不想更改语句的话也没关系，你可以继续念原先的心语，只是要让这股悲伤静静流过心底。你必须允许自己悲伤，这一点非常重要。不要逃避它，也不要压抑它。是的，它让你心痛，不过它还是可以承受的。你也许会泪流满面。这没关系。你只需允许它存在，感受它带来的痛苦。毫无疑问，你的自恋狂母亲绝不会允许你感受这些真情实感，你得反其道而行之，这是疗愈之旅的一部分，你必须感受自己的真情实感。

在感受情绪的同时，请继续轻击穴位，这一点至关重要。轻击穴位可以处理和释放悲伤（或其他可能涌上心头的情绪），而不是撕裂你的伤口，把伤口长期暴露在外，没完没了地折磨你。

过了一会儿之后，“我一辈子都不会有出息”这句话的真实感可能会渐渐减弱，甚至让你有几分陌生。刚开始轻击穴位吟念时，这句话感觉极其硬实牢固，坚不可摧，可现在它似乎变得有点软，不再那么确凿。

一种截然不同、客观真实的全新思维跃入你的意识，随之转瞬即逝，快得让你看不清它的“脸”，有如眼角余光无意中瞥见的一个影子。

请继续轻击，它总会回来，而且每次回来都会停驻得更久一些，最终你会看清它的“脸”，并意识到它是一种更强有力、更客观的全新思维。例如：“我可能会有所作为。看，现在游戏还远没结束，我都已经取得了许多成就。”诸如此类，等等。

运用 EFT 强化信念

有一个极其强大的信念，它就是：

我不是她说的那种人。

就是这样。只有九个字，但它们恰如其分地总结出了你的现状。我们的整个自我形象都是她一手打造的，那是一面丑化人的哈哈镜，它映照出的不是真实的你。一边念出这句话一边轻击穴位时，你会把她送给你的所有不实定义通通还给她，给内心腾出一块空间，以便你找到真正的自己。

因此，请一边念出这句话，一边运用 EFT 轻击穴位，每敲击一个穴位就念一次，尽可能多地敲击。把这种练习融入你的日常生活，使它成为日常习惯——上厕所的时候、刷完牙之后、刚刚回家进门的时候都可以练习。你练习得越多，就能越顺利地跳出她给你编织的毒网，摆脱她强加给你的有毒思维。

如果愿意的话，你也可以将那句话稍加改变——“我不是你说的那种人”，吟念的时候不妨想象你当着她的面这样说。

这一信念虽然看似简单，但辅以轻击穴位，就能发挥出不可思议的效果。

运用 EFT 化解成瘾问题

我在前面说过，自恋狂母亲的女儿有陷入成瘾问题的风险。EFT 化解这类成瘾问题非常有效。我反反复复戒了近 20 年的烟，最后运用 EFT 终于成功戒断。话说回来，运用 EFT 戒瘾需要专注的精神和持久的毅力。你可以从三个不同的角度处理成瘾问题：

· 每次渴望成瘾物质时，不妨一边轻击穴位，一边念出成瘾问题的名称，例如“这是烟瘾”。这也许有助于将瘾击退，但不会根除成瘾问题本身。这里有一个挑战，那就是真正运用 EFT。我记得我有烟瘾的时候，我明知轻击穴位可以赶走烟瘾，但还是这样想：我不想戒除我对香烟的渴望；我得靠香烟续命。不过，一旦你真正轻击穴位念出成瘾问题的名称，就能收获神奇的效果。

· 设想一旦你再也得不到成瘾物质会有什么样的情绪。然后，等到这些情绪突然袭来时——例如恐慌、恐惧和绝望——运用 EFT。你很可能得练习一段时间，这很正常。你的瘾往往强烈而执着，不可能一下就被击败。

· 想想成瘾问题带给你的好处。可不要说你没享受到任何好处。它肯定有好处，不然你也不会无法自拔。如有必要，可以试试自由写作（具体详情请参阅 146 页），看看你从成瘾问题中得到了什么。它相当于在你和你的成瘾问题之间建立对话。先开始写“你好，香烟，我想对你说……”然后自由写作，思绪飘到哪里就写哪里，再之后请务必以成瘾物质的口吻写一封信给自己。做完这个练习后，你得到的认识和顿悟很可能会让你大跌眼镜。再之后，请依次念出每一条好处并轻击穴位。举例来说，抽烟的时候，我意识到香烟有如一位老友，有它做伴我永远都不会孤独，它帮我应对危机，点缀我的日常生活，为我提供休息一下的借口。找到好处后，你可以针对每一条好处轻击穴位，直到你的认知悄然转变，你意识到它们根本一无是处，并发现戒掉香烟后你也能获得同样的好处，例如不借助香烟你照样可以休息一下。

12

EFT 心语

下面我来介绍这些 EFT 心语的用法。它们均经过精心设计，可帮你击走特定问题，你甚至无须考虑说什么。你只需按要求轻击穴位，吟念出心语，最好大声念出来。如能每天练习 10—15 分钟，四五天后你会发现问题逐渐自行消失。当然，你可以一边轻击穴位，一边吟念一个表格中的所有心语，直到化解问题。不过从我的个人经验来看，贪多反而会让我们失去动力，因此远不如一次只做一点，持之以恒的好。

你也许已经发现这些心语和前面的 EFT 说明不一样。前面的 EFT 说明讲的是轻击每一个穴位都可以吟念同样的话，但这些心语的内容显然不一样。这是因为 EFT 说明的版本为 EFT 101，可以说是最简单的版本。所以这两者之间并无冲突。

下面列出的心语包括：

击走你的自我照护无能症

手刀点	虽然我真的很不会照顾自己……但我仍会爱自己，接纳自己。虽然照顾自己很麻烦，而且从某种程度上来说，我也认为自己不配得到照顾……但我仍会爱自己，接纳自己。虽然我极其缺乏照顾自己的能力……但我仍会爱自己，接纳自己。
眉头	我真的很不会照顾自己。
眼侧	有时我也想好好照顾自己，但这些努力总被自己有意无意给破坏了。
眼下	我不配得到照顾。
人中	我母亲就是这样教我的……我把这一切学得很好。
下颚	我把这一切消化、吸收、内化。
锁骨	是的，从理智上来说，我知道自己值得被照顾……但在内心深处，我还是无法认同。
腋下	我极其缺乏照顾自己的能力。
拇指	我真的很不会照顾自己。
食指	我总是先人后己。
中指	对自己好一点太难了。
无名指	我极其缺乏照顾自己的能力。
小指	我总是有意苛待自己。

手刀点	虽然善待自己……满足自我照护的需求实在太难，但我决定坦然面对。虽然我认为善待自己……照顾自己的需求、呵护自己难如登天，但我仍相信善待自己无罪。虽然一部分的我认为自己不配得到善待，但我会扔掉这个执念。
眉头	善待自己、呵护自己真是太难了。
眼侧	这需要付出太多精力。
眼下	心血来潮的时候我可以善待自己……但结果让我筋疲力尽……最后不得不就此收手。
人中	善待自己……满足自我照护的需求简直让人筋疲力尽，最后我不得不就此收手。
下颚	善待自己真是太难了……我不配得到善待……从理智上来说，我知道事实并非如此……但这就是我的真实感受。
锁骨	我母亲一直告诉我，我不配得到善待……我把她的谆谆教诲掌握得很好……我把她的教诲全盘消化吸收……自此以后，我一直在扮演那个不配得到善待的角色。
腋下	事实是，她没有善待我或满足我的需求，因为她做母亲失职。我只是一个小女孩。我什么都不懂。我以为是我的错。所以我得出了我不配得到善待的结论，自此以后我一直对此深信不疑。
拇指	我一直背负着错误理念，认为自己不配得到善待。
食指	我一直背负着错误理念，认为自己不配得到呵护。
中指	我一直背负着错误理念，认为自我照护的需求无关紧要。
无名指	我一直背负着错误理念，认为善待自己有罪……认为不值得花精力善待自己……认为我不值得被善待。
小指	自孩提时代起……从我还是一个小女孩起……我一直背负着这种错误理念……认为善待自己有罪。

手刀点	从我还是一个小女孩起，我就认为自己不配得到善待、呵护或照护，但如今我选择相信这是一个错误的理念。过去的我总结出了一个错误的结论，还一直深信不疑，但这个结论从根本上就是错的。我以为自己有缺陷，其实真正有缺陷的人是她。如今的我在理智上明白了这一点，但我的身体、我的潜意识还需要明白这一点，我选择重新了解事情的真相。
眉头	现在，我要释放掉“我不配得到呵护”的理念。
眼侧	现在，我要删除它，抹去它的所有痕迹。
眼下	它错得离谱，对我毫无用处，为什么我还要背负着它？
人中	自得出这一结论后，我一直背负着小时候的错误理念。
下颚	小女孩总结出错误的结论很正常，但它总归是个错误的结论，我不需要再背负它了。
锁骨	现在，我要请求我的潜意识删除掉“我不配得到善待或呵护”的理念，抹去它的所有痕迹。
腋下	现在，我要请求我的潜意识释放掉这一理念。它从根本上就是错的。
拇指	我正在释放“我不配得到善待或呵护”的理念。
食指	我正在释放这一错误理念。它错得离谱，对我毫无用处。
中指	我正在抛弃这一理念。
无名指	删除这一理念，抹去它的所有痕迹。
小指	现在让它走——让它走得干干净净。
手刀点	现在，我正在抹除这一理念的所有残痕余迹。

手刀点	尽管我一直背负着错误理念……认为自己不配得到善待或呵护……但现在我决定扔掉这一思想负担……我要拥抱正确的理念，我要认为自己绝对值得……被善待和被呵护。虽然过去我一直背负着错误理念……但现在我要将它扔得干干净净……我要删除它，抹去它的所有痕迹……我选择相信我绝对值得被善待和被呵护……我亦选择相信满足自己的需求至关重要……善待自己、照顾自己无罪。
眉头	现在，我要拥抱正确的理念……善待自己、照顾自己无罪。
眼侧	善待自己不仅无罪，而且天经地义。
眼下	我绝对值得被善待。
人中	我绝对值得满足自己的需求。
下颚	我值得……坦然地……考虑自我照护的需求。
锁骨	我绝对值得被呵护……被善待……尤其是被自己呵护和善待。
腋下	现在，我的身体……我的潜意识……都在诚心接纳正确的理念。
拇指	我正在拥抱“我绝对值得被善待”的理念。
食指	我绝对值得被呵护。
中指	自我照护的需求应该得到满足，因为我绝对值得。
无名指	我绝对值得被呵护。
小指	我绝对值得被善待。
手刀点	自我照护的需求应该得到满足，因为我绝对值得。

手刀点	我选择轻松坦然地满足自己的需求。
眉头	我选择轻松坦然地满足自己的需求……并为自己的改变而叹服……而欢欣。
眼侧	我选择轻松坦然……甚至毫不费力地……满足自己的需求。
眼下	我选择轻松坦然地满足自己的需求……并为自己的改变而叹服……而欢欣。
人中	我选择每天……体验善待自己的感觉……这样一来……满足自己的需求……会变得越来越容易。
下颚	我选择……满足自己的需求……时间一久……我会发现善待自己……越来越不费力。
锁骨	我选择每天满足自己的需求……善待自己……呵护自己……时间一久……我会越来越坦然……
腋下	我选择满足自己的需求……善待自己……我甚至会发现……自己非常享受这一切。
拇指	我选择满足自己的需求……我会发现自己轻松坦然……毫不费力……满心欢喜……地接受这一变化。
食指	我选择满足自己的需求……我会发现自己轻松坦然……毫不费力……满心欢喜……地接受这一变化。
中指	我选择满足自己的需求……我会发现自己轻松坦然……毫不费力……满心欢喜……地接受这一变化。
无名指	我选择满足自己的需求……我会发现自己轻松坦然……毫不费力……满心欢喜……地接受这一变化。
小指	我选择每天善待自己……呵护自己……满足自己的需求……时间一久……我会越来越轻松坦然……越来越不费力……我会为自己的改变而叹服……而欢欣。

击走你的“她会改变”执念

手刀点	我希望母亲能爱我，能成为我无比渴望和需要的那种善良无私、和蔼可亲、关怀备至、体贴入微的母亲，我知道我配得上这样的母亲……虽然这个希望只是妄念，我也知道它是妄念，但我就是死死地抱住它，舍不得放手。我的另外一个选择是接受自己永远不可能拥有一位称职的母亲，可对我而言，这实在太难接受了。虽然我不能抛却这一妄念——无论我多么清楚抛却妄念能让我彻底解脱——但我仍会爱自己，接纳自己。虽然我无视一切事实，无视一切证据，仍然死死地抱着这一妄念不放手，虽然我知道这样对我没有任何好处，但我仍会爱自己，接纳自己。
眉头	我死死地抱住这个希望不放手。
眼侧	我就是无法放下“她会改变”的希望。
眼下	……因为如果放下了，那我成什么人了？
人中	我会成为没有母亲的弃儿。
下颚	我知道即便抱持这一希望，我现在也相当于没有母亲……
锁骨	……我必须面对我永远都不可能拥有母亲的残酷现实。
腋下	我不想放弃这个希望。它意味着放弃。我可没准备好放弃，虽然我知道这样会让我解脱。
拇指	我死死地抱住这个希望。
食指	我就是舍不得放手。
中指	我需要这个希望……尽管我得为此付出巨大代价。

无名指	我需要这个希望……尽管我得没完没了地撞一扇深锁的门……尽管我得哭着喊着求门里的人放我进去。也许只要我撞得够惨烈、喊得够声嘶力竭，这扇门总有一天会打开。
小指	我无法放弃这个希望。如果放弃，就意味着必须接受我永远都不可能拥有母亲的残酷现实。

手刀点	虽然我不得不抱住这个希望，但我仍会爱自己，接纳自己。虽然我死死抱住这个希望不放手，也明知毫无希望，但我仍会爱自己，接纳自己。虽然我无视一切证据，死死抱住妄念不放手，满心希望有朝一日她能成为温柔体贴的慈母，但不管怎样，我仍会爱自己，接纳自己。
眉头	我死死抱住这个希望不放手。
眼侧	我必须继续保持希望。
眼下	我不能放弃。
人中	也许有一天，我会找到有魔力的字句，或打动人心的话语，或感天动地的澎湃感情，我愿意付出一切代价，只要能赢得她的爱。
下颚	总有一天我会赢得她的爱，只要我坚持不懈。可如果我放弃希望，那就永远再无转圜。我无比渴望、需要以及我理应得到的温柔体贴的慈母也就成为镜花水月了。
锁骨	从理智上来说，我知道无论保持希望与否，我永远都得不到理想中的母亲。她不具备做慈母的能力。
腋下	所有的这些希望只会让我越陷越深。
拇指	它使我没完没了地撞一扇深锁的门。

食指	使我像一只一直撞玻璃窗、渴望飞出窗外的鸟。
中指	我以前的尝试都失败了。但如果我能再努力一点，或再试一次，也许会精诚所至，金石为开。这就是我的希望。
无名指	但不管这只撞玻璃窗的鸟儿有多努力，或撞得有多频繁，它永远都绝无出头之日。
小指	这只鸟唯一的自由之路是另寻出路，找一扇敞开的窗户或敞开的大门。

手刀点	也许我就像那只鸟。我渴望得到母爱，我觉得母爱可以让我快乐，不过我可能应该从其他的源头寻找快乐。
眉头	我不断地挖掘一口死井，耗费了无数本可以用于他处寻找快乐的精力和心血以及时间。
眼侧	甚至，我还可以向内寻找快乐。也许我可以做自己的母亲。
眼下	也许现在我可以放弃这个希望。它真的对我毫无用处。
人中	我渴望解脱。我渴望从妄念构筑而成的“跑步机”上跳下来，不再希冀得到她的认可、关爱 、尊重和善待。
下颚	我知道这些东西压根就不存在。她没法给我她自己都没有的东西。
锁骨	因此，我可能应该放下执念。它对我没有任何一点好处，只会让我越陷越深。

腋下	也许我应该接受现实，起码这会让我彻底解脱，使我能够像一只幸福的鸟儿，终于找到了一扇敞开的窗户。
拇指	也许我应该放弃希望。它是一个虚妄的执念，永远都不可能实现，只会让我越陷越深。
食指	也许我应该接受她永远都不可能做一位称职的母亲这一事实，她永远都不可能成为我理想中的母亲。她永永远远都不可能成为一位配得上我的母亲。
中指	我可以希望这是无稽之谈。我确实希望如此。但它却是铁一般的现实。
无名指	和现实辩论毫无意义。
小指	也许我应该放弃希望，也许认清现实能够让我解脱。

⋆⋆请在吟念心语时深呼吸。呼气的时候，不妨想象陈腐无用的希望随着你的每一次呼气，如洪水一般从你的心底喷涌而出。⋆⋆

手刀点	即便我仍然死死抱住这个希望，但现在我想放手。它对我没有任何用处。它不是我的朋友。我仍然死死抱住这一丝残存的希望——多年以来我一直如此，已形成了习惯，放弃这个希望我会无所适从。但我无论如何还是要放手。我会习惯没有它，不再深陷于这一妄念之后，我可以探索所有其他的快乐源泉，这一定刺激而有趣。即便我仍然死死抱住这个希望，但现在我选择放手——它不是我的朋友，它只会让我越陷越深。没有它我会幸福得多。
眉头	现在放弃这个希望。
眼侧	现在就放手。

眼下	现在就扔掉这个陈腐变质、散发恶臭的希望。
人中	把自己从虚妄的执念中解救出来。
下颚	把自己从永远不可能实现的希望中解救出来。
锁骨	她永远都不可能成为我渴望和需要的那种称职的母亲，永永远远都不可能成为一位配得上我的母亲，我必须选择接受这一事实。是的，这很伤人。但猛撞一扇封闭的玻璃窗、猛撞一扇深锁的门更伤人。
腋下	现在释放所有的妄念。
拇指	选择接受现实。
食指	选择不再对抗现实——这场战争我不仅绝无可能取胜，而且还会耗去太多我本应用于寻找快乐的精力。
中指	选择放弃希望，接受现实，她永远都不可能成为我渴望和需要的那种称职的母亲，永永远远都不可能成为一位配得上我的母亲。
无名指	选择接受悲伤，但与此同时也应看到解脱和平静。
小指	选择接受“她永远都不可能改变”的现实。
手刀点	接受现实后虽然有平静和安宁，但也有悲伤，这一切我通通选择承受。与此同时，我也选择解脱带给我的兴奋和快乐。

击走你的悲伤和丧亲之痛

注：轻击穴位的时候，你会发现心语里说的是“母亲／双亲”——你只需吟念一个适用你的对象即可。

手刀点	虽然失去母亲／双亲让我心如刀绞，但不管怎样，我仍会爱自己，接纳自己。虽然现在失去家人，我痛不欲生，万念俱灰，但不管怎样，我仍会爱自己，接纳自己。虽然失去母亲／双亲、众叛亲离让我心如刀绞，但不管怎样，我仍会爱自己，接纳自己。
眉头	这样的心痛。
眼侧	这样的损失。
眼下	这样的悲伤。
人中	伤得我痛彻心扉。
下颚	它比真正的丧亲之痛更可怕，因为它只能是一种私下的哀悼。
锁骨	没有葬礼，没有盖棺告别，没有他人的吊唁。
腋下	但它带来的痛苦一点也不会减轻，现在的我遍体鳞伤。
拇指	这样的心痛。
食指	这样的损失。
中指	这样的悲伤。
无名指	失去母亲／双亲让我痛不欲生，我不得不放弃“她／他们总有一天会善待我”的希望。
小指	我痛不欲生，心如刀绞，万念俱灰，遍体鳞伤。

手刀点	虽然失去母亲/双亲让我心如刀绞，但不管怎样，我仍会爱自己，接纳自己。虽然现在失去母亲和家人，我痛不欲生，万念俱灰，但不管怎样，我仍会爱自己，接纳自己。虽然失去母亲/双亲、众叛亲离让我心如刀绞，但不管怎样，我仍会爱自己，接纳自己。
眉头	我痛不欲生，我的身体可以感觉到这种痛。
眼侧	我痛不欲生，心如刀绞，万念俱灰，遍体鳞伤。
眼下	我痛不欲生，心如刀绞，万念俱灰，遍体鳞伤。
人中	我痛失母亲/双亲，心如刀绞。
下颚	这样的悲伤和丧亲之痛。
锁骨	伤得我痛彻心扉。
腋下	我失去母亲/双亲，众叛亲离。
拇指	我痛不欲生，我的身体可以感觉到这种痛。
食指	我痛不欲生，心如刀绞，万念俱灰，遍体鳞伤。
中指	我痛不欲生，心如刀绞，万念俱灰，遍体鳞伤。
无名指	我痛失母亲/双亲，心如刀绞。
小指	这样的悲伤和丧亲之痛。
手刀点	我失去母亲/双亲，众叛亲离，感觉生不如死。

手刀点	虽然我心如刀绞，但现在我选择放下悲伤。虽然我痛不欲生，心如刀绞，万念俱灰，但现在我选择处理和释放悲伤。虽然我遍体鳞伤，但现在我选择处理和释放悲伤。
眉头	现在我选择放下悲伤。
眼侧	现在我选择处理和释放悲伤。
眼下	我选择感受平静，坦然接受痛失母亲 / 双亲的现实。
人中	现在我选择放下悲伤。
下颚	现在我选择处理和释放悲伤。
锁骨	我选择感受平静，坦然接受痛失母亲 / 双亲的现实。
腋下	现在我选择放下悲伤。
拇指	现在我选择处理和释放悲伤。
食指	我选择感受平静，坦然接受痛失母亲 / 双亲的现实。
中指	现在我选择放下悲伤。
无名指	现在我选择处理和释放悲伤。
小指	我选择感受平静，坦然接受痛失母亲 / 双亲的现实。

击走她轻松抛弃你带来的伤害

手刀点	她就这样轻轻松松地抛弃了我，虽然我很受伤，但不管怎样，我仍会爱自己，接纳自己。虽然我因为她轻松抛弃我而悲痛万分，但不管怎样，我仍会爱自己，接纳自己。虽然我因为她轻松抛弃我而痛不欲生，而且我的身体也可以感觉到这种痛，但不管怎样，我仍会爱自己，接纳自己。
眉头	她就这样轻轻松松地抛弃了我，实在太伤人了。
眼侧	她从不为修复我们的关系付出任何努力。
眼下	她就这样放下。她完全无所谓。
人中	她把我伤得支离破碎。
下颚	被拒绝的痛深入骨髓。
锁骨	实在太伤人了。
腋下	她完全不在乎我。
拇指	她就这样轻轻松松地抛弃了我。
食指	就像扔掉昨天的报纸一样满不在乎。
中指	我对她毫无意义。
无名指	她把我伤得支离破碎。
小指	她怎么能就这样无所谓？实在太伤人了。

手刀点	虽然被她拒绝让我很受伤，但不管怎样，我仍会爱自己，接纳自己。虽然她满不在乎的态度把我伤得支离破碎，痛不欲生，但不管怎样，我仍会爱自己，接纳自己。虽然我对她无足轻重的铁证摆在眼前，虽然我感觉仿佛被人在肚子上狠踢了一脚，但不管怎样，我仍会爱自己，接纳自己。
眉头	实在太伤人了，伤得我体无完肤。
眼侧	感觉就像被人在肚子上狠踢了一脚。
眼下	太痛了。
人中	痛得我无法呼吸。
下颚	痛得我无法呼吸。
锁骨	实在太伤人了。
腋下	我的身体可以感觉到这种痛。
拇指	被拒绝的痛让我遍体鳞伤。
食指	她不在乎我。她从来就不在乎。这让我痛不欲生。
中指	我再也不会骗自己说她爱我。她根本不爱，她伤透了我的心。
无名指	被拒绝的痛让我遍体鳞伤。
小指	她的凉薄让我痛彻心扉。

手刀点	实在太伤人了。
眉头	我的身体可以感觉到被拒绝的痛。
眼侧	被拒绝的痛让我遍体鳞伤。
眼下	实在太伤人了。
人中	这是一种什么样的痛啊。
下颚	被拒绝的痛让我无法呼吸。
锁骨	实在太伤人了。
腋下	被拒绝的痛让我遍体鳞伤。
拇指	原来我对她无关紧要，甚至毫无意义，太痛了。
食指	实在太伤人了。
中指	实在太伤人了，伤得我体无完肤。
无名指	被拒绝的痛让我遍体鳞伤。
小指	我对她毫无意义的铁证摆在眼前，这真是一种锥心之痛。

手刀点	虽然她认为我无关紧要，虽然这让我痛彻心扉，但现在我要释放痛苦。虽然我被伤得支离破碎，但我要放下痛苦。虽然她的凉薄让我心如死灰，但我要放下痛苦，重拾心情接受现实。
眉头	现在，我正在释放痛苦。
眼侧	我选择释放被她拒绝的痛苦。
眼下	现在，我正在释放被她拒绝的痛苦。
人中	现在，我正在释放被她漠视的痛苦。
下颚	我正在释放所有痛苦，让它们通通离开。
锁骨	现在，我选择让痛苦离开我的身体，我正在一点一点释放。
腋下	我选择平静，不再被这个问题而困扰。
拇指	当然，它永远是我心上的一根刺，但我选择平静，不再为它而心痛。
食指	既然现实如此，那就随它吧。
中指	现在，我正在释放被她拒绝的痛苦。
无名指	现在，被她拒绝的痛苦正在一点一点释放。
小指	我选择平静淡定，不再为此而困扰。我选择泰然处之。

击走你对她的恐惧心理

手刀点	虽然我很怕她，但我仍会毫无保留地爱自己，接纳自己。虽然我害怕她发火，但我仍会毫无保留地爱自己，接纳自己。虽然我很怕她，虽然她的坏脾气和怒火让我胆战心惊，虽然在她面前我似乎重新退化为柔弱无助的小女孩，但不管怎样，我仍会爱自己，接纳自己。
眉头	我害怕她发火。
眼侧	我害怕她的坏脾气。
眼下	我害怕她的怒火。
人中	我害怕她可能会说的话……害怕我敢于反抗时她会说的难听话。
下颚	我好怕她。
锁骨	她一发火，我就会退化为小女孩，退化为一个柔弱无助、战战兢兢的小女孩。
腋下	我怕死她了。
拇指	我知道我已是一个成年人了，但她一发火，我就会立刻退化为柔弱无助的小女孩。
食指	她的怒火能把我吞噬。她让我胆战心惊，我实在没有胆量反抗。
中指	我好怕她，她的坏脾气和怒火让我胆战心惊。甚至只需说一句重话或扔一个白眼……我就会不寒而栗。
无名指	我好怕她。
小指	我怕死她了。

如有可能，现在请关注你的身体，感受这种恐惧。想象她对你发火或对你破口大骂的情形，总之想象她通常表达愤怒的方式，感受你的身体体验到的恐惧、恐慌和不知该逃跑还是该任她欺凌的张皇。关注这些感受，不要逃避，但也不要被它们所淹没。

如果一想到她暴跳如雷的样子你的身体没有任何反应，那也没关系，只需继续轻击穴位，这对你一样有用。

手刀点	我的身体可以感觉到恐惧，它就在那里。
眉头	我的身体可以感觉到恐惧。
眼侧	我可以感觉它就在那里。
眼下	那种惊惧。
人中	那种恐慌。
下颚	我不知道是该逃跑还是该迎战，还是该恐惧。
锁骨	甚至一想到她发火时的狰狞面孔，我就可以感觉到那种恐惧。
腋下	我怕死她了。
拇指	现在，我可以感觉到这种恐惧。
食指	我可以感觉到这种恐惧。
中指	我的身体可以感觉到恐惧。
无名指	只要一想到她对我发火时的狰狞面孔，我的身体就可以感觉到那种恐惧。
小指	我的身体可以感觉到恐惧。

手刀点	这种恐惧。
眉头	这种惊骇。
眼侧	我害怕她会说难听话。
眼下	我害怕她会打我……骂我……说恶毒难听的话。
人中	我怕死她了。
下颚	这使我一下子就退化为柔弱无助的小女孩。
锁骨	我怕死她了。
腋下	我的身体可以感觉到恐惧。
拇指	我真是怕死她了。
食指	我可以感觉到恐慌和不知道是该逃跑还是该恐惧的张皇。
中指	这种恐慌。这种她只需要动个小指头、就能让我魂飞魄散的恐惧。
无名指	我的身体可以感觉到恐惧。
小指	我怕死她了。

★★ 深呼吸 ★★

手刀点	虽然我很怕她，但也许没必要这样。虽然我很怕她，虽然她的坏脾气和怒火让我胆战心惊，但也许我可以放下恐惧。虽然一见到她我还是战战兢兢，但也许真的没必要这样。也许我可以放下恐惧。
眉头	也许我可以意识到她就像一个耍横的3岁幼儿。
眼侧	也许我可以看清她的真面目——一个耍横的3岁幼儿。
眼下	也许我可以意识到如今的我已是成年人，她对我不再有任何震慑力。
人中	也许我可以看清真相——所有的一切只不过是虚张声势。
下颚	我的身体习惯于害怕她的愤怒，但她能真正伤害我的日子早已一去不复返。
锁骨	她只会发火耍横骂人。
腋下	但我可以选择看清这种行为背面的真相——一个3岁幼儿无能为力，只能使小性子乱发脾气。
拇指	现在，我选择放下所有的恐惧——乱发脾气的她其实很可怜。
食指	现在，我选择放下所有的恐惧，不再害怕这些可怜的怒火。
中指	我可以选择看清这种行为背面的真相——一个3岁幼儿不能要风得风，要雨得雨，只能使小性子乱发脾气。
无名指	她控制我的招数只有发火耍横，现在我再也不怕这些手段了。
小指	现在，我选择放下所有的恐惧——乱发脾气的她其实很可怜。

手刀点	现在，我正在放下所有对她的恐惧。
眉头	我要告诉我的大脑和身体，我可以放松，可以放下恐惧。
眼侧	她拿我没有任何办法，只能在虚张声势地耍横。
眼下	我选择看清她的真面目，她在感情上和3岁幼儿无异，我知道她的愤怒无法伤害我。
人中	我正在放下且释放对她的恐惧，将残痕余迹删除得干干净净，不再畏惧她的愤怒和蛮横。
下颚	我选择在这些愤怒和蛮横面前置身事外，淡定自若。
锁骨	它们不再有伤害我的威力；现在，我正在告诉我的身体和大脑不要怕——这一切对我毫无危险。
腋下	我的身体和大脑不必再发出到底是该逃跑还是该恐惧的信号，因为这一切毫无危险。
拇指	这一切只是一个3岁小儿因为无能为力而发的火，她虚张声势的样子真可怜。
食指	现在，我正在释放体内的所有恐惧。我正在将残痕余迹删除得干干净净。
中指	现在，我用淡定和漠然来武装自己。
无名指	我选择淡定自若地观察她的愤怒，不再受一丝一毫的影响。
小指	现在，我正在将恐惧的残迹从我的身体和大脑中删除得一干二净。
手刀点	现在，我选择淡定和漠然。我选择观察这些愤怒，不再被它们所吞噬。我选择认为它们可怜而愚蠢，甚至还有几分可笑。面对这样的行为，无须有任何恐惧。

击走你实施低联系或零联系的内疚感

此处心语的内容是与母亲断绝关系。如果你只是实施低联系，减少联系的频繁，而不是完全断绝来往，请根据自己的情况稍加修改。

手刀点	虽然一想到要和她断绝关系我就内疚不已，但不管怎样，我仍会爱自己，接纳自己。虽然一想到将来要和她断绝关系我就内疚不已，但不管怎样，我仍会爱自己，接纳自己。虽然一想到要和她彻底断绝来往……我就内疚得无以复加……但不管怎样，我仍会爱自己，接纳自己。
眉头	我内疚得无以复加。
眼侧	我怎么能和生我养我的母亲断绝关系,这真是大逆不道!
眼下	这种内疚太强烈，太痛苦。
人中	一想到要和她断绝关系我就内疚不已。
下颚	我不能和她断绝关系。这样的念头只是动一下，我就内疚不已。
锁骨	这是大逆不道，是要遭天谴的。
腋下	这种内疚感几乎要把我压垮。
拇指	所以，如果我真敢这么做，我是会遭天谴的。可如果不做，我就要死了。
食指	如果还和她保持联系，我真的会生不如死。
中指	但如果和她断绝关系，我也一样生不如死，因为我会内疚得要命。这是一个双输的局面。
无名指	甚至现在轻击穴位也是大逆不道。试图摆脱内疚就是不知廉耻。
小指	道理很简单，如果我放下内疚，我就不会再见她，这样的想法本身就让我内疚。

手刀点	虽然实施零联系让我内疚不已，但不管怎样，我仍会爱自己，接纳自己。虽然实施零联系让我就内疚不已，但不管怎样，我仍会爱自己，接纳自己。虽然实施零联系让我就内疚不已，但不管怎样，我仍会爱自己，接纳自己。
眉头	我必须保留内疚。
眼侧	但我不想内疚，因为它使我深陷于有毒的母女关系。
眼下	但我不能放下内疚，因为一旦放下我就会无所顾忌，与她彻底断绝来往。
人中	这种内疚太痛苦了，但我必须紧紧抓住它。
下颚	无论她对我多么坏……无论她伤我多深……这一切都不重要……我仍然必须与她保持联系。这是最起码的底线。
锁骨	不过，它也许不一定就应该是我的底线。
腋下	也许我的底线正在告诉我：保护自己远离施虐者无罪。
拇指	她生我养我，但并不等于就有了虐待我的执照。
食指	也许保护自己远离施虐者完全没有错。
中指	因此，我没有什么好内疚的。我并没有做错事。
无名指	也许放下内疚无罪。
小指	也许我完全没必要内疚。

手刀点	虽然和自己的母亲断绝关系让我内疚不已，但不管怎样，我仍会爱自己，接纳自己，而且我认为也许完全没必要内疚。虽然和自己的母亲断绝关系让我内疚不已，但不管怎样，我仍会爱自己，接纳自己，而且我认为也许完全没必要内疚。虽然和自己的母亲断绝关系让我内疚不已，但不管怎样，我仍会爱自己，接纳自己，而且我认为也许完全没必要内疚。
眉头	如果我真的断绝关系，她会伤心难过，焦虑不安。我不想对她这么绝。
眼侧	但这不是对她绝不绝的问题。我只是保护自己远离施虐者。
眼下	她的痛苦不过是她这些年虐待我的自然后果而已。
人中	我没有义务保护她不受这类后果的伤害。
下颚	无论她怎么给我洗脑，我真的没错。
锁骨	这一辈子我都在被她洗脑，一直以为她的需要比我的重要。
腋下	这一辈子我都在被她洗脑，一直以为她的需求比我的重要。
拇指	但这是错的。我的需要和需求也很重要。
食指	现在我的需要和需求是保护自己远离施虐者，而那个施虐者正是她。
中指	我没必要为此而内疚。
无名指	现在，我选择释放内疚。
小指	现在，我选择释放所有内疚，我知道保护自己远离施虐者无罪。
手刀点	现在，我选择释放所有内疚，我知道保护自己远离施虐者无罪。

击走害怕犯错的心理

手刀点	虽然我害怕犯错，但我仍会全心全意爱自己，接纳自己。虽然只要想象一下犯错的情景，我就会恶心反胃，如临大敌，不堪重负，但现在我接受这些感觉。虽然我就是受不了自己犯错，但不管怎样，我仍能接纳自己，并承认这只是后天习得的思维模式。
眉头	犯错很危险。
眼侧	我必须正确，否则我就是个废物。
眼下	犯错很危险。
人中	我必须事事正确，否则我一无是处。
下颚	犯错很危险。
锁骨	一想到犯错，我就能感觉到压力。
腋下	犯错太可怕了。
拇指	一想到犯错，我的身体马上就能感觉到压力。
食指	我就是不能犯错，犯错很危险。
中指	我必须正确，否则就会有难以名状的灾难降临。
无名指	对我而言，犯错实在太可怕了。
小指	犯错很危险。

手刀点	虽然犯错很危险，但不管怎样，我仍能接纳自己。虽然犯错非常可怕，让我心惊肉跳，如临大敌，但现在我接受这些感觉。虽然犯错非常可怕，让我心惊肉跳，如临大敌，但也许我可以考虑接受这些感觉，并将它们卸下释放。
眉头	犯错很危险。
眼侧	犯错让我心惊肉跳，如临大敌。
眼下	我必须事事正确得体。
人中	如果我不够完美，我就是错得离谱。
下颚	一想到我可能错了，我就会吓得喘不过气来。
锁骨	我就是无法忍受自己犯错。
腋下	一想到犯错，我就会如临大敌。
拇指	一想到犯错，我的身体马上就能感觉到压力。
食指	犯错很危险。
中指	对我而言，犯错就是很危险。
无名指	犯错让我觉得可耻。
小指	对我而言，犯错很危险。

手刀点	虽然犯错让我如临大敌，但我还是决定认为它有可能无伤大雅。虽然我很害怕犯错，但也许我可以允许自己放松，坦然面对犯错。虽然犯错非常可怕，让我心惊肉跳，如临大敌，但也许我可以卸下释放这些感觉。虽然犯错非常可怕，但也许我可以选择认为犯错无罪，犯错也许只是意味着我没掌握新信息……这没什么大不了。
眉头	现在，我正在告诉我的身体——犯错无罪。
眼侧	犯错绝不意味着我是个废人。
眼下	它只意味着我掌握的信息有误或有缺失。
人中	每次只要发现自己犯错，就应该好好庆祝一番。
下颚	它意味着我对现实有了更为精准的了解。
锁骨	它意味着我能成长进化为一个更好的人。
腋下	它意味着我能改正错误。
拇指	我希望每次发现自己犯错时，我能真正地欣然以对，毫无心理负担。
食指	犯错不能说明我做人有缺陷。它只意味着我掌握的信息有误或有缺失。
中指	我选择毫无心理负担地面对犯错。
无名指	我选择认为犯错完全无伤大雅。
小指	我选择认为，犯错只意味着现在我可以拥有更完备、更准确的信息。

手刀点	我选择认为，对我而言，发现自己犯错完全无伤大雅。 我选择认为，对我而言，发现自己犯错完全无伤大雅。 我选择认为，对我而言，发现自己犯错完全无伤大雅。 现在我选择坚定不移地认为，对我而言，发现自己犯错完全无伤大雅。
眉头	犯错不能说明我做人有缺陷。它只意味着现在我可以拥有更完备、更准确的信息。
眼侧	发现自己犯错其实一点也不危险，因为这样一来，我就可以改正错误。
眼下	我选择享受犯错的快乐，因为每次一发现自己犯错，我就有机会更精准地认清现实，拥有更美好的生活。
人中	犯错只需改正错误即可。我完全没有必要害怕。
下颚	这就像脱下破旧的脏衣服，换上干净的新衣服。真正的我就是那个换衣服的人，我还是我，一直没变。
锁骨	我知道我的自恋狂母亲向我灌输了犯错有罪的理念——但她的说法是错的，我现在知道了。
腋下	我以前对犯错的态度是错的。
拇指	对犯错持错误态度是我犯的第一个大错误！
食指	发现自己犯错其实一点也不危险。
中指	现在我选择坚定不移地认为，对我而言，发现自己犯错完全无伤大雅。
无名指	犯错不能说明我做人有缺陷。它只意味着现在我可以拥有更完备、更准确的信息。
小指	发现自己犯错其实一点也不危险，因为这样一来，我就可以改正错误。
手刀点	我选择享受犯错的快乐，因为每次一发现自己犯错，我就有机会更精准地认清现实，拥有更美好的生活。

击走阻碍疗愈的绊脚石

手刀点	虽然我在治疗的过程中遇到了一些障碍，但不管怎样，我仍会爱自己，接纳自己。虽然我在治疗的过程中遇到了一些障碍，但不管怎样，我仍会爱自己，接纳自己。虽然我在治疗的过程中遇到了一些障碍，但不管怎样，我仍会爱自己，接纳自己。
眉头	我在治疗的过程中遇到了一些障碍。
眼侧	某些因素阻碍了我的治疗进程。
眼下	一部分的我认为不应该治疗。
人中	一部分的我不愿意治疗。
下颚	我有一些阻碍治疗的因素。
锁骨	治疗是不安全的。
腋下	一部分的我认为治疗不安全。
拇指	我有一些阻碍治疗的因素。
食指	也许治疗不安全。
中指	也许我不配得到治疗。
无名指	不管怎么治疗，总有某些障碍挡在那里，阻碍我的治疗进程。
小指	我有一些阻碍治疗的因素。

手刀点	虽然一部分的我认为自己不应该治疗，或治疗不安全，或我不配得到治疗，或出于某些其他原因就是不愿意痊愈，现在我选择说服那一部分的自己。虽然一部分的我认为不应该摆脱这些问题，或摆脱这些问题不安全，或一旦摆脱我就不知道自己是谁，或不配摆脱这些问题，或出于某些我一时想不起来的其他障碍因素，我就是要死死抱住这些问题不放，现在我选择说服自己：放下这些问题没有错。释放这些问题也很安全。我值得摆脱这些问题获得痊愈。疗愈后我还是现在的我。放下这些问题没有错。
眉头	某些因素阻碍我摆脱问题。
眼侧	摆脱这些问题不安全。
眼下	我不配摆脱这些问题获得痊愈。
人中	太多太多因素阻碍我摆脱问题、获得痊愈。
下颚	所有的这些因素都在阻碍我摆脱问题、获得痊愈。
锁骨	太多太多因素阻碍我摆脱问题、获得痊愈。
腋下	也许我觉得自己不配摆脱这些问题获得痊愈。也许我觉得摆脱这些问题获得痊愈不安全。总之我潜意识里有太多想法阻止我痊愈。
拇指	太多太多因素阻碍我摆脱问题、获得痊愈。
食指	一部分的我还是死死抱住这些问题不放。
中指	一部分的我认为摆脱这些问题不安全。
无名指	摆脱这些问题不安全。
小指	摆脱这些问题就是不安全。

手刀点	但我选择认为摆脱问题、获得痊愈是安全的。
眉头	摆脱问题、获得痊愈是安全的。
眼侧	我选择认为摆脱问题、获得痊愈绝对安全。
眼下	我选择说服那一部分的自己，现在可以开始治疗。
人中	我值得摆脱这些问题，获得痊愈。
下颚	摆脱这些问题无罪。
锁骨	摆脱问题、获得痊愈是安全的。
腋下	现在，我选择鼓起勇气，摆脱这些问题，获得痊愈。
拇指	摆脱问题、获得痊愈是安全的。
食指	但也许并非如此。
中指	我的的确确值得摆脱这些问题，获得痊愈。
无名指	但也许并非如此。
小指	我想摆脱这些问题，获得痊愈。
手刀点	也许我就是太害怕了。

★★ 深呼吸 ★★

手刀点	虽然一部分的我还是死死抱住这些问题不放，但现在我选择认为摆脱这些问题无罪。虽然一部分的我还是死死抱住这些问题不放，虽然一部分的我还是不想痊愈，但我选择说服这一部分的自己摆脱这些问题无罪。虽然一部分的我还是死死抱住这些问题不放，但现在我选择将它们通通抛弃。我知道我无法想象自己一旦没有了这些问题会变成什么样，但这没关系。我现在决定获得痊愈是安全的，我会享受摆脱这些问题之后的快乐。我知道没有这些问题我会更快乐。
眉头	选择认为摆脱问题、获得痊愈是安全的。
眼侧	选择摆脱阻碍我获得痊愈的所有因素。
眼下	现在，释放所有阻碍治疗的因素。
人中	现在，抛弃所有的这些阻碍因素。
下颚	我选择认为摆脱这些问题无罪。
锁骨	现在，我选择摆脱问题、获得痊愈。
腋下	现在，我选择扫除所有障碍，获得痊愈。
拇指	释放所有阻碍治疗的因素。
食指	现在，我正在释放所有阻碍治疗的因素。
中指	我选择在内心深处，真真切切地认为治疗无罪。
无名指	现在，我选择让治疗畅通无阻。
小指	现在，我选择让治疗畅通无阻。
手刀点	现在，我选择鼓起勇气，获得痊愈。

★★ 深呼吸 ★★

附录一

自恋人格障碍在 DSM 中的定义

DSM 是《精神疾病诊断与统计手册》（*Diagnostic and Statistical Manual of Mental Disorders*）的简称，由美国精神医学学会出版。我们使用的是第四版。目前，精神医学学会正在编撰第五版，笔者写到这里时已听说该学会有可能修改自恋人格障碍的定义。因此，等到诸位读到这本书时，有关自恋人格障碍的所有内容应该已更新。话虽如此，更新的内容也只是精神医学人士如何定义自恋人格障碍。自恋人格障碍本身不会改变，我在本书第 2 页总结的定义仍然有效。

不过我还是应该提供到目前为止的自恋人格障碍官方定义。这里一共有九大特征，任何人只要具备其中的五条就可以被诊断为自恋人格障碍。

九条症状如下所示：

· 过分地自高自大；

· 沉迷于非分的幻想，无休止地渴望成功、权力、荣誉、美丽或完美爱情；

· 相信自己独一无二，举世无双；

· 对赞美成瘾；

· 认为自己应享有特权；

· 攫取他人的利益，以期达到自己的目标；

· 缺乏共情能力；

· 常常妒忌他人或相信他人妒忌自己；

· 表现出高傲自大的行为或态度。

附录二

其他人格障碍症

自恋人格障碍还有三位人格障碍型“表亲”（根据官方的说法，这三位表亲和自恋人格障碍被统称为“B 群人格障碍”）。由于它们之间有重叠，你母亲可能还有其他人格障碍症。这里的描述只是一种概述，具体信息请参阅 www.lighthouse.org。自恋人格障碍的三位“表亲”分别是：

- 边缘人格障碍
- 表演人格障碍
- 反社会人格障碍

以下链接详细介绍了与自恋人格障碍相关的其他几种人格障碍症：

http://www.daughtersofnarcissisticmothers.com/related-personality-disorders.html

如需了解更多自恋人格障碍认定的信息，请访问：

https://www.daughtersofnarcissisticmothers.com/narcissism-definition.html

后记

现在，你可以自由飞翔了

好了，我们已经走到了这段旅程的终点。你现在可以自由飞翔了，逃离她用洗脑术和谎言编织的牢笼。看看这本书的英文原版封面——那只飞出牢笼的鸟儿就是你。

我怀着无比荣幸的心情，感谢诸位允许我做你们的向导，使我有机会与大家一同走完全程。这段旅程也许的确是走到了终点，但与此同时大家亦开启了另一段美妙的旅程——你们将发现真正的自我，体验你们应得的全新生活。现在，你自由了。在此，我祝大家在余下的旅程中一帆风顺，幸福安康！如你认为我们的论坛可能对你有助益，我亦邀请你加入，欢迎访问：https://www.daughtersofnarcissisticmothers.com/discuss。

另外，我也请大家牢记，无论母亲如何洗脑，你都要相信：你没有缺陷无须修补，你只是受伤需要疗愈，仅此而已。这没什么好羞耻的。另外也请牢记，你没有发疯。你的认知正确可靠。请相信自己。我知道这是非常艰难的一步，也是你需要学习才能掌握的技能，却是一个值得为之奋斗的目标。与此同时，还请记住，你比你想象的更强大。你母亲千方百计想让你软弱可欺，但她可能只是把你的能量藏在了你看不见的地方，你的能量并未被摧毁，它只是藏在某处，等待你去探索、使用和享受。

在此，我为大家的旅程送上所有最美好的祝福，欢迎步入美好未来。

达努

图书在版编目（CIP）数据

为什么母爱会伤人 / （英）达努·茉莉安著 ；李亚萍译. — 北京 ：文化发展出版社，2020.11
ISBN 978-7-5142-3206-6

Ⅰ. ①为… Ⅱ. ①达… ②李… Ⅲ. ①人格心理学—通俗读物 Ⅳ. ①B848-49

中国版本图书馆CIP数据核字（2020）第193833号

版权登记号：01-2020-5208

为什么母爱会伤人
作　　者：［英］达努·茉莉安
译　　者：李亚萍

责任编辑：侯　铮
出版发行：文化发展出版社有限公司（北京市翠微路2号　邮编：100036）
网　　址：www.wenhuafazhan.com
经　　销：各地新华书店
印　　刷：河北鹏润印刷有限公司

开　　本：787mm×1092mm　1/32
字　　数：140千字
印　　张：7.25
版　　次：2020年11月第1版　2020年11月第1次印刷
I S B N：978-7-5142-3206-6
定　　价：49.80元

本书若有质量问题，请拨打电话：010-82069336